Antoni Gaudí

DUMONT
monte

Publisher: paco asensio

Authors: Aurora Cuito, Cristina Montes

Translation: Juliet King, Bettina Beck

Art director: Mireia Casanovas Soley

Graphic design: Emma Termes Parera

Layout: Soti Mas-Bagà

Photographers: Roger Casas, Joana Furió, Luís Gueilburt, Pere Planells, Miquel Tres and Gabriel Vicens

Printed and bound: APPL, Wemding

Editorial project:

LOFT Publications
Domènech, 9 2-2
08012 Barcelona, Spain
Tel.: +34 93 218 30 99
Fax: +34 93 237 00 60
e-mail: loft@loftpublications.com
www.loftpublications.com

Die Deutsche Bibliothek - CIP- Einheitsaufnahme
Antoni Gaudí / Aurora Cuito; Cristina Montes. -Köln: DuMont-Monte-Verl., 2002
ISBN 3-8320-8722-2

Printed in Germany

ISBN 3-8320-8722-2

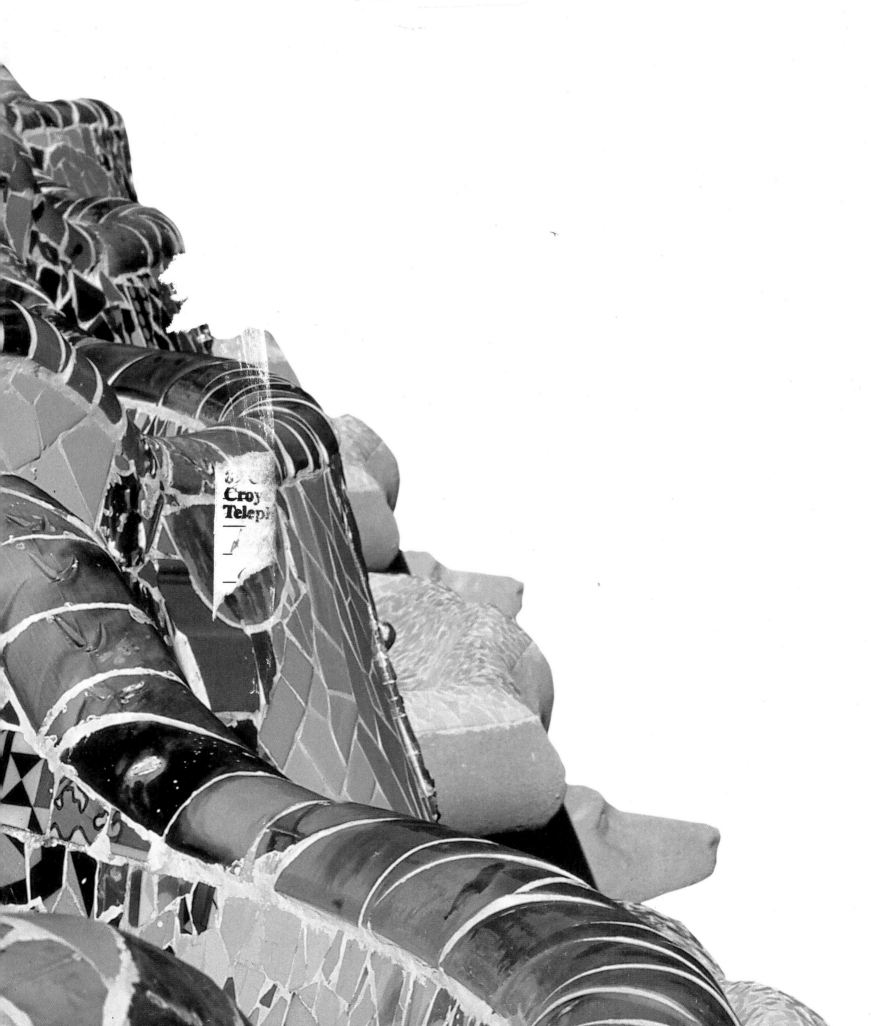

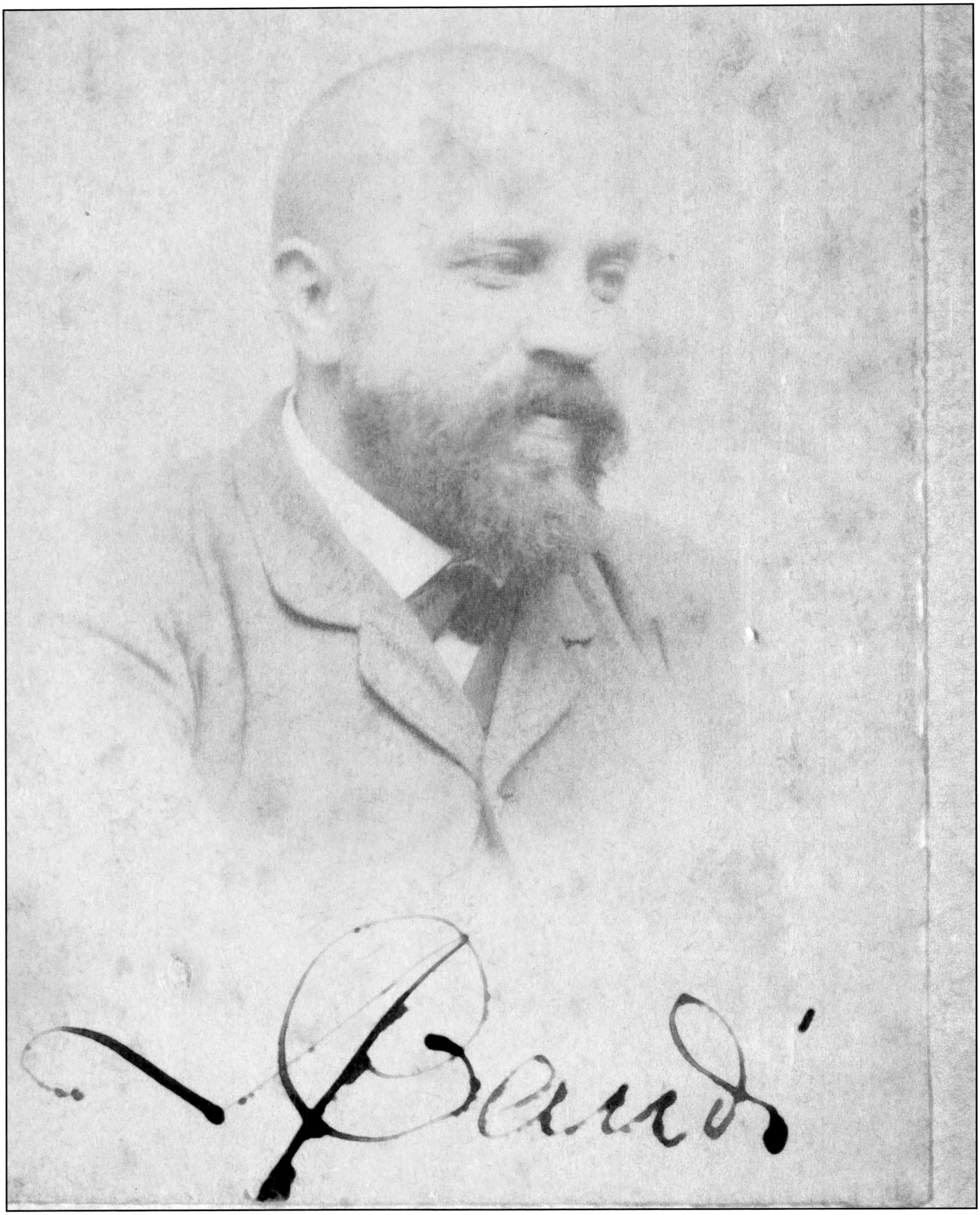

Antoni Gaudí

8   The Gaudí phenomenon by Daniel Giralt-Miracle
     Das Phänomen Gaudí

14   Gaudí: nature, technique and artistry
     Gaudí: Natur, Technik und Handwerk

18   The life of Gaudí
     Das Leben Gaudís

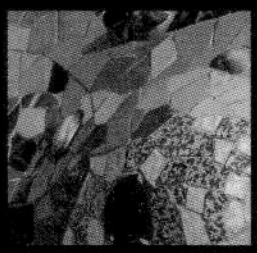

32   constructed works
     Realisierte Projekte

34   casa vicens

44   villa quijano-el capricho

52   finca güell

60   sagrada família

72   palau güell

82   palacio episcopal

92   colegio de las Teresianas

98   casa de los Botines

108 Bodegas güell

114 casa calvet

122 crypt of the colonia güell
     Krypta der colònia güell

128 Bellesguard

138 park güell

152 finca Miralles

158 Restoration of the cathedral
     in palma de mallorca
     Restaurierung des Kathedrale
     von palma de mallorca

166 casa Batlló

176 casa milà

188 Artigas gardens
     Die Artigas-gärten

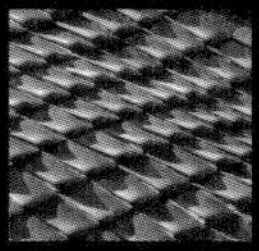

192 unbuilt projects
     nicht Realisierte projekte

198 details and furniture
     Details und möbel

212 chronology
     zeittafel

216 bibliography
     Literaturhinweise

the gaudí phenomenon
das phänomen gaudí

gaudí: nature, technique, and artistry
gaudí: natur, technik und handwerk

The Gaudí phenomenon

Das Phänomen Gaudí

In light of the growing and general recognition of Gaudí's work, 150 years after his birth, I ponder the reason for this phenomenon, so unusual in the field of architecture. Why has Gaudí become such a success? It is not as a result of the quantity of works he completed, since he only directed about 20 important projects. Nor is his success due to the wide geographic distribution of his buildings, since the majority are concentrated in the city of Barcelona. Neither is the architect's fame due to the fact that he was a great self-promoter of his work and character, since he isolated himself from everything that could disturb his work. Nor were his proposals accepted with enthusiasm by his contemporaries who, in general, were hostile toward them. It is therefore clearly not easy to explain Gaudí's current notoriety, nor the indifference to which he was subjected, including just before his death in 1926.

Gaudí's secret probably lies in his knowing how to tackle architectural creation in a unique manner, without artistic or technical prejudices. His knowledge of the trades and mode stand out in his era. He practiced an eclectic architecture in agreement with the rules of the 19th century and the neo-romantic and baroque tastes of modernism. Gaudí was as distinguished a figure as Domènech i Montaner or Puig i Cadafalch, in his most immediate context, or as V. Horta, H. Guimard, C. R. Mackintosh, O. Wagner, J. Hoffman, or J. M. Olbrich, at the European level – all architects with grand personalities who formulated their own language and thus occupy important places in the history of art and architecture. Nevertheless, Gaudí was something more. He was a virile and overwhelming individual, capable of breaking tradition, yet with fidelity to historic styles and the determination to please the euphoric bourgeoisie of the 1900s. He replanted the essence of architecture and reconsidered tastes and materials, procedures, techniques, systems of calculation, geometric repertoires, etc. It's not that he wanted to start from scratch: By borrowing from architectural resources, whether stylistic or technical, he could embark on a personal adventure, based on a playful intuition that allowed him to create works with independence and originality. No one can confirm that Gaudí was a visionary, even though there are people who dare to state it, basing their argument on a hypothetical esotericism of the system of symbols that he used. Gaudí was one of the most illustrious minds in the transition from the 19th to the 20th century. He perceived that it was necessary to end certain neo-medieval romanticisms that proliferated in Europe during the era. The world was changing and it was necessary to put other systems of life into place, expressed also through architecture.

Gaudí obtained the title of architect in 1878, at Barcelona's demanding Escuela Técnica Superior de Arquitectura. His studies, combined with his domination of the language and the materials of the artistic profession—which he learned by his father's side in Reus and at Barcelona's best workshops—led him to create his first projects by trial and error, with neo-gothic and arabic influences. His experiences culminated in the Vicens house in Barcelona, where he tackled a type of constructional solution that, today, we can confirm is the seed of an unmistakable vocabulary based on warped surfaces, paraboloids and hyperboloids, helical rhythms, and the use of a fiery polychrome. This vocabulary stood apart from any style of the past forming an architecture without isms, an architecture that, as his disciple Martinell said, we can only call "Gaudíism."

In his maturity, Gaudí was inclined toward an empirical work philosophy. This meant that he relied more and more on experience. The architect's propensity for everything tested probably also came from the "common sense" of the rural people living in the Tarragona countryside. They were practical people, dedicated to work and saving resources and energies. Gaudí put architectural procedures to the test. He transformed his workshops into laboratories, worked

Angesichts der zunehmenden allgemeinen Anerkennung des Werkes von Antoni Gaudí i Cornet 150 Jahre nach seiner Geburt stellt sich die Frage nach dem Grund für dieses in der Architektur ungewöhnliche Phänomen. Gaudís Erfolg beruht nämlich nicht auf der Anzahl der von ihm geschaffenen Werke, da er ja nur ungefähr zwanzig bedeutende Projekte leitete. Ebenso wenig kann dieser Erfolg auf eine weite geographische Verbreitung der Gebäude zurückgeführt werden, die sich zum größten Teil im Stadtgebiet von Barcelona befinden. Der Grund ist auch nicht darin zu suchen, dass der Autor sein Werk und seine Person ins Rampenlicht gestellt hätte – er lebte stets weit entfernt von allem, was seine Arbeit hätte stören können –, und ebenso wenig darin, dass seine Vorschläge von seinen Zeitgenossen mit großem Enthusiasmus aufgenommen wurden. Die standen seinem Schaffen im Allgemeinen eher ablehnend gegenüber. Wir sehen also, dass es nicht einfach ist, eine vernünftige Antwort zu finden, die sowohl Gaudís gegenwärtige Bekanntheit rechtfertigen würde als auch die Vergessenheit, in die er schon vor seinem Tod im Jahre 1926 geraten war.

Vermutlich besteht sein Geheimnis darin, dass er sich dem architektonischen Schaffen ohne künstlerische oder technische Vorurteile auf andere Weise zu nähern wusste. Seine Kenntnis des Handwerks und der Konstruktionsvorgänge hätten es ihm gestattet, sich in seiner Epoche hervorzutun, indem er die eklektizistischen Stilmittel in Übereinstimmung mit dem Kanon des 19. Jahrhunderts und den barocken und neoromantischen Vorlieben des Modernismus anwandte. Er hätte eine berühmte Persönlichkeit sein können wie zum Beispiel Domènech i Montaner oder Puig i Cadafalch, die sich in seiner unmittelbaren Umgebung befanden, oder wie Victor Horta, Hector Guimard, Charles Rennie Mackintosh, Otto Wagner, Josef Hoffmann oder Joseph Maria Olbrich auf europäischem Niveau. Sie alle waren große Architekten mit einer eigenen Formensprache und nahmen daher eine bedeutende Stellung in der Geschichte der Kunst und der Architektur ein. Aber Gaudí wollte mehr: Seine ausgeprägte Individualität ermöglichte es ihm, mit der Tradition zu brechen, wobei er doch den historischen Stilrichtungen treu blieb, um das anspruchsvolle Bürgertum der Jahrhundertwende zufrieden zu stellen. Er wollte das Wesen der Architektur seiner Zeit in Frage stellen und Materialien, Verfahren, Techniken, Berechnungssysteme und geometrische Grundlagen, aber auch ästhetische Ansätze neu überdenken. Dabei ging es ihm jedoch nicht darum, alles Vorherige zu verdrängen. Im Gegenteil, da er die architektonischen Mittel sowohl in stilistischer wie in technischer Hinsicht beherrschte, konnte er sich auf ein persönliches Abenteuer einlassen, auf eine spielerische Intuition, die seinen Arbeiten Unabhängigkeit und Originalität verlieh. Niemand kann behaupten, dass Gaudí ein Erleuchteter gewesen sei, auch wenn einige dies ernsthaft taten und sich auf eine hypothetische Esoterik der von ihm verwendeten Symbolik beriefen. Aber Antoni Gaudí war einer der herausragenden Köpfe im Übergang vom 19. zum 20. Jahrhundert, da er sich der Notwendigkeit bewusst war, mit den historisierenden Romantizismen abzuschließen, die sich im Europa jener Zeit breit machten. Die Welt veränderte sich, und andere Lebenskonzepte drängten in den Vordergrund, die sich auch in der Architektur ausdrücken mussten.

Gaudí erhielt 1878 von der anspruchsvollen Escuela Técnica Superior de Arquitectura den Titel eines Architekten. Diese Ausbildung sowie die Beherrschung der Fachsprache und die Kenntnis der Werkstoffe in den verschiedenen Handwerksberufen, die er bei seinem Vater in Reus und in den besten Werkstätten Barcelonas kennen gelernt hatte, befähigten ihn, erste Annäherungsversuche an neogotische, arabisierende und ähnliche Formen zu unternehmen, die ihren Höhepunkt in der Casa Vicens in Barcelona erreichten. Dort nahm er konstruktive Lösungen in Angriff, von denen wir heute mit Fug und Recht behaupten können, dass sie der Keim einer unverwechselbaren Ausdrucksweise sind, die auf geschwungenen Oberflächen, parabolischen und hyperbolischen Formen, spiralförmigen Rhythmen sowie einer leuchtenden Farbigkeit fußt. Weit entfernt von jeglichem Stil der Vergangenheit, gehorcht sie einer Architektur ohne -ismen und kann, wie Gaudís Schüler Martinell sagte, nur als Gaudismus bezeichnet werden.

with experimental models, and searched for resistant materials (granite, basalt, porphyry, etc.). He proposed undulating walls and ceilings, he opted for oblique columns, and was interested in the path of light and the ventilation of buildings. He calculated the structures of his properties with overhead power cable arches. He also used mirrors, photography, and non-Euclidean geometry to design his volumes. His audacity surprised many and was understood by few, but resulted in such impressive designs as the crypt of the Colonia Güell, the Pedrera, Park Güell, and the Temple of the Sagrada Família. These works were criticized by the public and the press, but their unusual force never failed to astonish. Fransesc Pujols, a popular philosopher of the era and a friend of Gaudí, stated that "in all the works of the great Gaudí, what happened was that no one liked them, nor was there anyone who dared to say it to his face, because he had a style that asserted itself without pleasing." This affirmation seems a little out of place today, since Gaudí's projects not only continue to provoke consternation but for many, have turned into cult objects.

And it is here that we discover Gaudí's secret for survival. Some of his buildings have been declared Historic-Artistic Monuments and Cultural Belongings of World Heritage by UNESCO. Most of them have been restored and rehabilitated, and in many cases, have gone from private to public property. During his lifetime, Gaudí said that Casa Milà, more widely known as the Pedrera, would end up as a big hotel or a congressional palace. His prediction came true in 1996 when a financial group transformed the building into a cultural center. And the Pedrera is not the only building that has changed uses: The coach house pavilions on the Güell estate are today the headquarters of the Real Cátedra Gaudí, attached to the Universitat Politècnica de Catalunya. Palau Güell (residence of his patron), Park Güell, the Sagrada Família, and the crypt of the Colonia Güell are all open to the public. On the ground floor of the Casa Calvet, there is a restaurant that preserves the original property. Casa Batlló is a convention center that is partially open to the public and, as mentioned previously, the Pedrera is a cultural center that includes an exhibit hall, an auditorium, a period apartment and–in the attic and on the building's terrace roof–a space called Espai Gaudí. The Palacio Episcopal de Astorga houses a museum and the Casa de los Botines in León contains the headquarters of a financial group and a permanent exhibition hall. Finally, "El Capricho" in Comillas now contains a restaurant.

Some Gaudí buildings are open to the public thanks to their exceptional personality. Though each one of the works has metamorphosed, Gaudí remains in force. The best way that we could pay homage to the great architect and artist is to visit his buildings and to know his work. Only in this way can we understand the enormous coherency that exists between his constructional systems, his habitable spaces, and his façades and roofs. Gaudí is indivisible, because he is the logic of form and the exaltation of art.

Daniel Giralt-Miracle
Art Historian and Critic
General Commissioner
of the International Year of Gaudí

In reiferem Alter tendierte Gaudí immer mehr zu einer empirischen Philosophie, die Realität nur noch als Resultat von Erfahrung zulässt und die ihre Blütezeit während des 18. Jahrhunderts hatte. Seine Experimentierfreude rührt wahrscheinlich auch von dem »gesunden Menschenverstand« her, der die Bauern der Gegend des Camp de Tarragona auszeichnet: praktisch veranlagte Menschen, die sich ihrer Arbeit widmen und sparsam mit ihren Mitteln und ihrer Energie umgehen. Gaudí stellte das Vorgehen des Architekten insgesamt auf den Prüfstand. Er machte seine Werkstätten zu Laboratorien, arbeitete mit experimentellen Modellen, suchte nach widerstandsfähigen Werkstoffen wie Granit, Basalt und Porphyr, schlug geschwungene Wände und Decken vor, entschied sich für schräge Säulen, interessierte sich für den Verlauf des Lichtes und die Belüftung der Gebäude, berechnete die Struktur seiner Bauten mittels Kettenbögen, verwendete Spiegel, Photographie und die nicht euklidische Geometrie zum Entwerfen von Rauminhalten ... Dieser Wagemut, der viele überrascht und den nicht alle verstehen, führte zu so beeindruckenden Bauwerken wie der Kirche der Colónia Güell, der Pedrera, dem Park Güell oder dem Sühnetempel der Sagrada Família. All diese Werke waren der leichtfertig ausgesprochenen Kritik der Öffentlichkeit und der Medien ausgesetzt, beeindruckten jedoch stets durch ihre ungewöhnliche Kraft. Francesc Pujols, ein bekannter Philosoph jener Zeit und Freund Gaudís, behauptete, dass »es bei allen Werken Gaudís so sei, dass sie, auch wenn sie niemandem gefielen, so beschaffen waren, dass es gleichzeitig keiner wagte, ihm dies offen ins Gesicht zu sagen, da er einen Stil hatte, der sich durchsetzte, ohne zu gefallen«. Diese Behauptung muss heute revidiert werden, da Gaudís Projekte nicht nur immer noch Verblüffung hervorrufen, sondern auf breiter Ebene immer mehr zu Kultobjekten erklärt wurden.

Daran ist deutlich zu erkennen, dass Gaudí weiterhin lebendig ist. Einige seiner Gebäude wurden von der UNESCO zu kunsthistorischen Denkmälern und Gütern des Weltkulturerbes erklärt. Die meisten von ihnen wurden restauriert und wieder hergestellt und gingen von privater in öffentliche Nutzung über. Bereits zu seiner Zeit meinte Gaudí, dass in der Casa Milà, besser bekannt als Pedrera, letztendlich ein großes Hotel oder ein Kongresspalast untergebracht werden sollte. Dies wurde im Jahr 1996 Wirklichkeit, als ein Finanzinstitut das Gebäude in ein Kulturzentrum umwandelte. Dies ist nicht das einzige Gebäude, das einem anderen Zweck zugeführt wurde: Die Remisen-Pavillons der Finca Güell sind heute Sitz des Königlichen Gaudí-Lehrstuhls der Universitat Politècnica de Catalunya; der Palau Güell, Wohnsitz seiner Mäzene, der Park Güell, die Sagrada Família und die Kirche der Colónia Güell sind für die Öffentlichkeit zugänglich. Die Casa Calvet beherbergt in ihrem Untergeschoss ein Restaurant, in dem das Originalmobiliar erhalten ist, die Casa Batlló ist ein Versammlungszentrum und teilweise für Besucher offen. Wie bereits erwähnt, ist die Pedrera ein Kulturzentrum mit einem Ausstellungsraum, einem Auditorium, einer Wohnung im Stil der damaligen Zeit und im Dachgeschoss bzw. auf der Dachterrasse dem Dokumentationszentrum des Espai Gaudí. Der Bischofspalast von Astorga beherbergt ein Museum, die Casa de los Botines in León den Sitz eines Finanzinstitus und dessen Dauerausstellungsräume und »El Capricho« in Comillas ein Restaurant.

Wegen ihres außergewöhnlichen Charakters wurden Gaudís Gebäude der breiten Öffentlichkeit zugänglich gemacht. Hat auch jedes Einzelne dieser Werke eine Metamorphose durchgemacht, so ist Gaudís Arbeit doch weiterhin gültig. Um den großen Architekten und Künstler richtig zu würdigen, muss man seine Gebäude besuchen und sein Werk kennen lernen. Nur so können wir den inneren Zusammenhang verstehen, der zwischen seinen Konstruktionssystemen, seinen bewohnbaren Räumen und seinen Fassaden und Dächern besteht. Gaudí ist ein unteilbares Ganzes: die Logik der Form und die Erhöhung der Kunst.

Daniel Giralt-Miracle
Kritiker und Kunsthistoriker
Generalkommissar des
Internationalen Gaudí-Jahres

gaudí: nature, technique, and artistry

gaudí: natur, technik und handwerk

Gaudí grew up in Camp de Tarragona, a rocky area planted with vineyards and olive and carob trees. The countryside was dotted with small villages and rocky massifs. Gaudí's capacity to observe the landscape during his childhood gave him a special vision of the world. His surroundings, including the animals and the plants, brought together all of the laws of construction and structure that the architect needed to create his buildings.

Gaudí's brilliant mind found information and inspiration in nature. For example, the way he placed arches in the attics of his buildings is similar to the skeletons of vertebrates, and the columns of the Sagrada Família branch out like trees (page 15 below). His sinuous façades, balconies, and walls depict the swell of the sea or the movement of grasslands in the wind. All of Gaudí's buildings reinterpret the norms that regulate the creation of the universe, comparing the role of the architect to that of creator. Due to the special vision of his profession, Gaudí lived only to design, ignoring the social, family, and cultural life around him.

Modernist architects often reproduced floral motifs, though Gaudí's use of nature in his work reflected a global attitude that exceeded the abstractions used in modernist decorations. In the contemporary international arena, the English arts & crafts movement, led by William Morris, infused the arts with a profound respect for nature.

Gaudí relied on the simplicity and immediacy of nature to solve architectural problems. He distrusted complex mathematical calculations and chose empirical verifications instead. This method led him to conduct numerous experiments to calculate the load of a structure or the final form of a decoration. His ideal instruments were models built to scale, and he used them in various design processes. For example, he used models to adjust the plaster forms of the chimneys in Casa Batlló and the sculptures of the Sagrada Família.

When Gaudí needed something more than prototypes to help advance a project, he invented new models of verification. The most innovative was a model that consisted of a framework of cords with sacks of pellets hanging from them. The weight of the metal was proportional to the weight that the building had to support. Thus, by observing the form of

Gaudí wuchs im Camp de Tarragona auf, einer steinigen Landschaft voller Weingärten, Oliven- und Affenbrotbäumen mit verstreuten Dörfern und einzelnen Felsmassiven. Während seiner Kindheit verlor er sich häufig in der Betrachtung dieser Landschaft, was ihn später zu einer ganz eigentümlichen Weltsicht führte: Die Umgebung mit ihren Tieren und Pflanzen enthielt für ihn alle baulichen und strukturellen Gesetze, die ein Architekt zur Planung seiner Bauten benötigte.

Die Inspiration, die Gaudí als Gegengewicht zu seiner überschäumenden Fantasie brauchte, fand er in der Natur. Ein gutes Beispiel hierfür sind die Ähnlichkeiten zwischen der Anordnung der Bögen in den Dachgeschossen und den Knochengerüsten der Wirbeltiere, oder aber die Form der Säulen der Sagrada Família, die sich wie die Äste eines Baumes verzweigen (Seite 15 unten). Beim bloßen Betrachten der geschwungenen Formen der Fassaden, Balkone und Mauern kann man sich den Wellengang des Meeres oder das Wiegen der Wiesen im Wind vorstellen. Sämtliche Gebäude Gaudís interpretieren die Gesetzmäßigkeiten der Erschaffung des Universums neu, indem sie die Person des Architekten mit der des Schöpfers vergleichen. Bei einer derart eigenwilligen Auffassung seiner Arbeit ist es nicht verwunderlich, dass Gaudí nur noch für seine Projekte lebte und dabei vollkommen das ihn umgebende soziale, kulturelle und familiäre Leben vergaß.

Die Wiedergabe floraler Motive war auch eines der von den Architekten seiner Zeit eingesetzten Mittel, wobei aber hervorzuheben ist, dass die Natur im Werk Gaudís eine umfassendere Rolle spielt, die über die Abstraktionen in den modernistischen Ornamenten weit hinausgeht. Auch auf internationaler zeitgenössischer Ebene durchdrang die englische Arts & Crafts-Bewegung, allen voran William Morris, jedwede künstlerische Tätigkeit mit tiefem Respekt vor der Natur.

Gaudí verließ sich eher auf die Einfachheit und die Unmittelbarkeit der Naturbetrachtung beim Lösen architektonischer Probleme. Komplexe mathematische Berechnungen erweckten sein Misstrauen. Deshalb führte er zahlreiche Experimente zur Bestimmung der auf einer Struktur lastenden Kräfte oder der endgültigen Form eines Ornaments durch und setzte Modelle in naturgetreuem Maßstab für verschiedenste Gestaltungsprozesse ein. Die Formen der Schornsteine der Casa Batlló oder die der Skulpturen der Sagrada Família beispielsweise wurden zunächst als Gipsmodelle gebaut.

the cords, he could draw the distribution of the columns and arches. Gaudí used this method successfully in the crypt of the Colonia Güell (page 15 above), where he built to life-size scale what he had observed in the model .

Gaudí's passion for organic structures explains the absence of reinforced concrete and steel in his buildings. These materials are only valuable when using numerical calculations. Gaudí's brilliant construction ideas could only be realized with materials like wood, stone, or wrought iron. Therefore, he surrounded himself with artists and artisans who worked exclusively with organic materials.

With ceramics (page 16 above), Gaudí relied on the invaluable advice of Manuel Vicens i Montaner, a celebrated Barcelona ceramist who commissioned the architect to build his residence. On the interior and exterior of the house, there are numerous ceramic friezes with complex reliefs. The masterly use of fired and painted clay can be appreciated in the mosaics that the architect designed for various projects. Gaudí also played with the color of tiles to solve a lighting problem on the interior patio of the Casa Batlló. By graduating the tile's blue finish, the architect succeeded in spreading light uniformly throughout the space.

Filigrees of wrought iron appear in all of Gaudí's works (page 17 above). The door of the Güell estate (page 17 below), manufactured by the workshop Vallet i Piqué, is the most emblematic example. Gaudí also used iron for the balconies, railings, and lamps of other projects. He treated the industrial material with sensibility, transforming it into dynamic and exquisite forms.

Gaudí's use of wood also led him to rely on artisans of the era who could transform his imaginative designs into reality. Of particular interest are the doors and screens of the Casa Batlló (page 14 right), created by Casa y Bardés, and the level ceilings of the Casa Vicens, full of vegetable motifs (page 14 left and center).

The architect and his qualified collaborators also created magnificent works out of other materials like plaster, stone, brick, and glass. The innovative applications, the undulating forms, and the new functions for which he used the materials simply would not have been possible without the participation of these skilled artisans. His relationship with renowned sculptors, like Carles Mani, Josep Llimona, and Llorenç Matamala, also led to spectacular combinations that mesh technique and art.

Wenn Gaudí ein Projekt nicht anhand von Prototypen erarbeiten konnte, dachte er sich neue Vorgehensweisen aus wie etwa das innovative stereostatische oder polyfunikulare Modell, ein Netz von Schnüren, an denen kleine Säcke mit Schrotkugeln hingen. Das Gewicht des Bleis war proportional zur Belastung, der das Gebäude unterworfen war, und so konnte er durch die Form, die die Schnüre annahmen, die Verteilung der Säulen und Bögen festlegen. Diese Methode wandte er mit großem Erfolg bei der Krypta der Colónia Güell an, wo er lediglich seine Beobachtungen am Modell auf den natürlichen Maßstab übertragen musste (Seite 15 oben).

Gaudís Vorliebe für organische Strukturen erklärt das Fehlen von Stahlbeton und Stahl in seinen Bauten – Werkstoffe, die sehr kostspielig waren und außerdem numerische Berechnungen notwendig machten. Seine Ideen als Baumeister ließen sich nur mit Werkstoffen wie Holz, Naturstein oder Gusseisen umsetzen. Dies war auch ein Grund dafür, dass er sich mit Künstlern und Handwerkern umgab, die auf diese Materialien spezialisiert waren.

Beim Einsatz von Keramik konnte er beispielsweise auf die unschätzbaren Ratschläge des anerkannten barcelonesischen Keramikers Manuel Vicens i Montaner zurückgreifen, der ihm den Auftrag für ein Wohnhaus gab. Im Inneren und am Äußeren des Hauses befinden sich zahlreiche Keramikeinfassungen mit komplizierten Reliefs. Die meisterhafte Verwendung von gebranntem und glasiertem Lehm ist ebenfalls in den Mosaiken sichtbar, die der Architekt für verschiedene seiner Projekte entwarf. Das Spiel mit der Farbe der Kacheln löste darüber hinaus ein Lichtproblem im Innenhof der Casa Batlló. Das allmähliche Verblassen des Blaus macht es möglich, dass sich das Licht im oberen Bereich gleichmäßig über den Freiraum verteilt (Seite 16).

Filigrane Arbeiten aus Schmiedeeisen finden sich an sämtlichen Werken Gaudís. Die Tür der Finca Güell, die in der Werkstatt von Vallet i Piqué hergestellt wurde, ist das deutlichste Beispiel dafür. Bei anderen Projekten kommt Schmiedeeisen an Balkonen, Gittern oder Lampen vor. Die Verarbeitung verrät viel Feingefühl, um das eher als Industriewerkstoff gebräuchliche Material in dynamische Formen von außerordentlicher Schönheit zu verwandeln (Seite 17).

Der Einsatz von Holz war ein weiterer Berührungspunkt mit den Handwerkern seiner Zeit. Gaudí wandte sich an sie, damit sie seine fantasiereichsten Entwürfe verwirklichten. Hier sind besonders die Türen und Trennwände der Casa Batlló hervorzuheben, die bei Casas y Bardés in Auftrag gegeben wurden, sowie die Pflanzenmotive auf den Decken der Casa Vicens (Seite 14).

Nicht zu vergessen sind auch die großartigen Arbeiten aus Gips, Stein, Ziegelstein und Glas, die ebenfalls der engagierten Mitarbeit qualifizierter Handwerker zu verdanken sind. Die neuartigen Anwendungen, die geschwungenen Formen und die außergewöhnlichen Funktionen wären ohne deren fruchtbare Hilfe nicht möglich gewesen. Auch berühmte Bildhauer wie Carles Mani, Josep Llimona und Llorenç Matamala hat er zur Mitarbeit herangezogen.

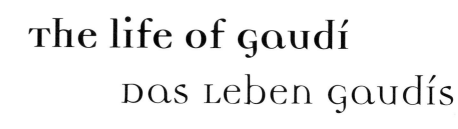

the life of gaudí

das leben gaudís

Antoni Gaudí in 1888, at age 36 (Photograph: Museu Comarcal Salvador Vilaseca, Reus)
Antoni Gaudí 1888 im Alter von 36 Jahren (Foto: Museu Comarcal Salvador Vilaseca, Reus)

The life of Gaudí

Das Leben Gaudís

On the afternoon of June 7, 1926, a distracted old man, immersed in his thoughts, was wandering around the center of Barcelona. At the corner of Gran Via and Bailèn Street, he was struck by a tram.

The victim carried no documentation in his jacket, making it impossible to identify him. Though he was still breathing, he was badly hurt and covered with blood. He lay on the ground next to the tracks. Mistaken for a beggar, the dying old man was transported by ambulance to Hospital de la Santa Creu, the place where all the city's vagabonds and poor people were taken. Three days after being admitted to the hospital, the old man died from the fatal blow, in a small room, without any relatives.

The man who had died without glory was Antoni Gaudí i Cornet, the architect who had spent more than 12 years working—with all his body and soul—on the construction of the great expiatory temple, the Sagrada Família. In a derogatory manner, the temple was sometimes known as "the cathedral of the poor."

Am Nachmittag des 7. Juni 1926 spazierte ein älterer Mann zerstreut und vollkommen in Gedanken versunken durch das Stadtzentrum von Barcelona. An der Ecke der Straßen Gran Via und Bailèn wurde er von einer Straßenbahn angefahren.

Da der Verunglückte keinerlei Ausweise in seiner Jacke trug, konnten die Personalien nicht festgestellt werden. Er atmete noch, aber er war schwer verletzt; blutend lag er neben den Gleisen der Straßenbahn. Der sterbende alte Mann wurde für einen Bettler gehalten und im Krankenwagen in das Krankenhaus Zum Heiligen Kreuz gebracht, wie alle Stadtstreicher und Arme ohne Familie. Drei Tage nach seiner Einlieferung verstarb er an den Folgen des Unfalls in einem trostlosen kleinen Zimmer, ohne Nachkommen zu hinterlassen.

Der sang- und klanglos dahingeschiedene Mann in den Siebzigern war Antoni Gaudí i Cornet, der Architekt, der seit mehr als zwölf Jahren mit Leib und Seele an dem großen Sühnetempel der Sagrada Família gearbeitet hatte, die gelegentlich abschätzig als »Die Kathedrale der Armen« bezeichnet wurde.

Barcelona's Plaça Catalunya at the beginning of the 20th Century. Nearby is the church Sant Felip Neri, which the architect usually attended.

Die Plaça Cataluña in Barcelona zu Beginn des 20. Jahrhunderts. Hier in der Nähe befindet sich die Kirche Sant Felip Neri, die der Architekt zu besuchen pflegte.

Antoni Gaudí was born 74 years earlier in the city of Reus in Tarragona. Reus has since become the second most important city in Catalonia, in terms of the number of residents, and is one of the most active commercial and industrial centers in southern Europe. Throughout his life, he was best known for possessing two traits: genius and madness.

For many of Gaudí's contemporaries who saw his impossible forms take shape, the Catalan architect was no more than a madman with airs of grandeur. Gaudí's boundless imagination invented fantastic structures that became reality thanks to his profound rationalism and architectural knowledge. But also during his lifetime, there were some people—though not many— who did really appreciate his genius, skill, and special vision of construction, design, and art. These people enjoyed his work and were conscious of the personal language that he created in his buildings, a language that opened doors to new architectural currents.

On June 25, 1852, a humble family of tinkers, the Gaudí Cornets, bore their fifth and last child: Antoni Plàcid Guillem Gaudí i Cornet. Gaudí's older siblings were Rosa (1844–1879), Maria (1845–1850), Francesc (1848–1850), and Francesc (1851–1876). Antoni's brothers and sisters died young and he was the only child

Der Tag des Begräbnisses – Samstag, der 12. Juni 1926 – war ein trauriger Tag für die zahlreichen Bürger Barcelonas, die dem Trauerzug auf seinem Weg durch die Straßen vom Krankenhaus Hospital de la Santa Creu bis zur Sagrada Família folgten. Dort sollte Gaudí in der Krypta beerdigt werden. Auf der ganzen Strecke herrschte vollkommene Stille. Das war die beste Art und Weise, wie die Stadt einem ihrer Volkshelden den letzten Abschied bereiten konnte.

Antoni Gaudí wurde 74 Jahre zuvor in der Provinz Tarragona in Reus geboren, zur damaligen Zeit die zweitbedeutendste Stadt Kataloniens und eines der aktivsten Handels- und Industriezentren im Süden Europas. Zeit seines Lebens würde er mit zwei Begriffen belegt – Genie und Wahnsinn.

Für viele seiner Zeitgenossen, die seine bis dahin undenkbaren Formen sahen – die nur eine grenzenlose Fantasie zu ersinnen imstande war, aber die durch nüchterne Rationalität und außergewöhnliches architektonisches Können verwirklicht wurden –, war der katalanische Baumeister nicht mehr als ein Verrückter. Andere hingegen, wenn auch nicht viele, wussten seine Genialität, seine Meisterschaft und seine eigentümlichen Visionen zu schätzen, ebenso seine Gestaltungskraft und Kunstfertigkeit. Sie bewunderten sein Werk und erkannten darin eine persönliche Sprache, die in der Lage war, die Tore für innovative architektonische Strömungen weit zu öffnen.

Passeig de Gràcia before Gaudí built Casa Batlló and Casa Milà
Der Passeig de Gràcia, eine der Straßen, in der das Bürgertum vorzugsweise seine Wohnhäuser baute, in der Zeit vor den Entwürfen Gaudís für die Casa Batlló und die Casa Milà

to outlive his parents. Rosa was the only one who married and produced descendents, a girl named Rosa Egea Gaudí.

Even though Antoni lived to be an old man, he was sickly as a child, and his weak condition deeply affected his infancy and conditioned his habits throughout his life. For example, he had to follow a strict vegetarian diet and walk as often as possible.

Starting at the age of five, the youngest member of the Gaudí Cornet family suffered severe pains that obliged him to stay at home for long periods of time. Doctors diagnosed his condition as arthritis of the joints. He was often unable to walk and had to get around on a mule. Unlike the other children of his age, the small Antoni had to exercise his imagination in order to overcome the burden of his illness.

The way he was

Gaudí's humble origins often influenced his life and behavior. Despite feeling profoundly attached to his pueblo and remaining faithful to his origins, Gaudí was attracted to the life of high society during his youth. However, at the end of his days, he lived without luxury and renounced almost everything. He was an authentic dandy who ended up as an ascetic.
Gaudí's features reflected his country roots. He was a well-built man, with pronounced cheekbones, a prominent face, and a distinctive nose. His sturdiness was accompanied by his blond hair, which was reddish in his youth and then turned white over time. He had rosy skin and deep blue eyes with a penetrating, magnetic, and transparent gaze. His impressive Nordic appearance set him apart from his classmates at an early age and stirred rebellion in the artist, asserting that he was Catalan and Mediterranean.
Though Gaudí had an imposing figure, he was shy and naïve, with a strong and difficult character and temperament. Thought he was conscious of his bad temper, he occasionally unleashed it.

wie er war

Die bescheidene Herkunft Gaudís prägte sein Leben und sein Verhalten. Obwohl dem Volk tief verbunden und seinen Wurzeln stets treu, fühlte er sich in seiner Jugend vom Lebensstil der oberen Gesellschaftsschichten angezogen. Das Ende seiner Tage verbrachte er jedoch weitab von jeglichem Luxus und verzichtete praktisch auf alles – ein waschechter Dandy, der sich im Laufe der Jahre in einen Asketen verwandelt hatte.
In seinen Gesichtszügen spiegelte sich sein bäuerliches Erbe wider. Er war ein Mann von kräftiger Statur, mit markanten Backenknochen, vorspringender Stirn und ausgeprägter Nase. Dieses robuste Äußere trat zurück hinter seinem blonden Haar, das in seiner Jugend ins Rötliche ging und im Laufe der Jahre weiß wurde. Er hatte einen rosigen Teint und tiefblaue Augen, deren Blick durchdringend und magnetisch war. Sein imposantes nordisches Aussehen unterschied ihn schon von klein auf von seinen Schulkameraden und wurde von ihm selbst abgelehnt. Er rebellierte dagegen und betonte stets, dass er vom Mittelmeer stamme und Katalane sei.
Seine Arroganz erregte ständig Aufsehen und war doch mit außerordentlicher Schüchternheit und Naivität, aber auch einem starken, schwierigen Temperament verbunden. Er war sich seines Jähzorns bewusst und bemühte sich oft nicht einmal, ihn zu verbergen.

Am 25. Juni 1852 wurde in dem bescheidenen Heim einer Familie von Kupferschmieden, dem der Eheleute Gaudí Cornet, das fünfte und letzte Kind geboren: Antoni Plàcid Guillem Gaudí i Cornet. Zuvor waren Rosa (1844–1879), Maria (1845–1850), Francesc (1848–1850) und Francesc (1851–1876) auf die Welt gekommen. Antoni war der Einzige, der seine Eltern überlebte, da die übrigen Geschwister sehr früh vom Tode ereilt wurden. Die Einzige, die Nachkommen ihr Eigen nannte, war Rosa, die heiratete und eine Tochter hatte.

Obwohl Antoni ein hohes Alter erreichte, war er schon von klein auf kränklich, ein Zustand, der seine Kindheit zutiefst prägte, ihn sein ganzes Leben lang begleitete und häufig seine Lebensgewohnheiten beeinflusste. So musste er zum Beispiel eine strenge vegetarische Diät einhalten und wann immer es möglich war spazieren gehen.

Instead of running, jumping, or playing like the rest of the children, Gaudí quickly learned to understand and see his surroundings and the world with a different set of eyes. He was deeply attracted to nature and was capable of entertaining himself for hours by contemplating stones, plants, flowers, insects, and other animals that populated the rural house in which he lived. Despite his poverty and pains, he learned to dream. His imagination created his own universe that, over time, would become reality thanks to architecture.

Gaudí's first glimpse of school took place at the nursery school of master Francesc Berenguer (whose son, curiously, would become one of his closest collaborators). The nursery school was located at the top of a house in Reus. Even at a very young age, the small Antoni demonstrated his incredible visual sharpness. An antidote from the era proves that he was a great observer:

Plaça Reial in Barcelona, before Gaudí had designed the streetlamps that still exist today.
Die Plaça Reial in Barcelona zu der Zeit, bevor Gaudí die bis heute erhaltenen Laternen entworfen hatte

Ab einem Alter von fünf Jahren litt er unter starken Schmerzen, die ihn immer wieder über lange Zeiträume zwangen, zu Hause zu bleiben. Die Gelenk-Arthritis, welche die Ärzte bei ihm feststellten, machte ihm das Gehen oft unmöglich oder zwang ihn dazu, sich mit Hilfe eines Maultiers fortzubewegen. So musste der kleine Antoni im Unterschied zu seinen Altersgenossen sein Vorstellungsvermögen üben, um den Zwängen, die ihm die Krankheit auferlegte, entgegentreten zu können. Anstatt wie die meisten Kinder zu laufen, zu springen oder zu spielen, lernte er früh seine Umgebung und die Welt mit anderen Augen zu betrachten. Die Natur zog ihn zutiefst an, und er war in der Lage, sich stundenlang damit zu unterhalten, Steine, Pflanzen, Blumen, Insekten und andere Tiere zu beobachten, die das Landhaus bevölkerten, wo er lebte. So träumte er sich über Not und Schmerzen hinweg, und diese überreichliche Vorstellungskraft gestattete es ihm, sich sein eigenes Universum zu schaffen, das er im Laufe der Jahre mit Hilfe der Architektur in die Wirklichkeit umsetzen sollte.

Die erste Berührung Gaudís mit der Schule fand im Kindergarten des Lehrers Francesc Berenguer statt (merkwürdigerweise der Vater des Mannes, der mit den Jahren zu einem seiner engsten Mitarbeiter werden sollte). Der kleine Antoni war ein großartiger Beobachter und zeigte bereits in jungen Jahren Beweise für seine unglaubliche Scharfsichtigkeit. Eine Anekdote aus dieser Zeit belegt dies. Es wird erzählt, dass Gaudí nach einer langen Erklärung seines Lehrers über Vögel und darüber, warum diese zum Fliegen Flügel hätten, erwiderte, dass die Hühner, die er bei sich zu Hause beobachtet habe, auch Flügel hätten, diese aber nicht benutzten, um zu fliegen, sondern um schneller laufen zu können.

Als er elf Jahre alt wurde, begann Gaudí seine Ausbildung an der Schule Escuelas Pías in Reus, einer kostenlosen Schule im alten Konvent des Heiligen Franziskus, die sich der Erziehung des Volkes widmete. Die Einrichtung hing von privaten Spenden und einem Vertrag mit der Gemeinde ab. Der junge Gaudí kam hier mit der römisch-katholischen Religion in Berührung. Sehr wahrscheinlich begannen sich in dieser Zeit der feu-

Near this location, la Rambla dels Caputxins, Gaudí constructed an urban palace for his patron, the industrialist Eusebi Güell.

In der Nähe dieser Stelle, an der Rambla dels Caputxins, erbaute Antoni Gaudí einen Stadtpalast für seinen Mäzen, den Industriellen Eusebi Güell.

After the teacher's long explanation of birds and why they have wings to fly, Gaudí replied by saying that the chickens he had seen at his house also had wings, but they did not use them to lift in flight, but to run with more speed.

At age 11, Gaudí began his studies at the Escuelas Pías of Reus, a free religious school located in the old convent of Sant

gaudí, a freemason?

Many things have been said about the Catalan architect; however, most of them are nothing more than simple suppositions. Gaudí was called a drug addict, an alchemist, a Templar, and a homosexual...but there is no evidence to back up any of these labels.

One of the most widespread theories is that he belonged to the Freemasonry. There have been many people who have examined his work looking for details to prove it. Some point to the obsession that Gaudí had for certain elements, while others call attention to the fact that he surrounded himself with people who belonged to the masonry lodge, like Eduard i Josep Fontserè, or who were recognized Freemasons. True or not, it's hard to believe that an architect educated at a Roman Catholic school and who always devoted himself to the design of buildings and religious objects would be capable of living the double life that some believe he had.

rige Glaube, die Verehrung und die Religiosität zu entwickeln, die der katalanische Architekt Jahre später an den Tag legen sollte. Es wird erzählt, dass er einmal, als er bereits mit den Arbeiten an der Sagrada Família beschäftigt war, anlässlich eines Besuches von ehemaligen Schülern der Schule des Heiligen Antonius in der Kirche versichert haben soll, stolz darauf zu sein, von den Piaristen unterrichtet worden zu sein. Dort habe er »den Wert der göttlichen Geschichte von der Errettung des Menschen durch den durch die Jungfrau Maria Fleisch gewordenen und für die Welt befreiten Christus« entdeckt.

In seiner Zeit als Abiturient tat er sich beim Lernen nicht hervor. Tatsächlich beweisen die Unterlagen, die erhalten sind, dass der junge Mann das eine oder andere Fach nicht bestanden hatte und seine Noten nicht überragend waren. Zurückgezogen, einsam, Scherzen wenig zugeneigt und von schwierigem Charakter, fiel es dem unruhigen Geist Gaudís schon von Jugend an schwer, sich an das autoritäre System, an die schulische Disziplin und die herrschenden Normen anzupassen. In jener Zeit schon fühlte er sich stark zum Zeichnen und zur Architektur hingezogen und besaß großes Geschick für Handarbeiten. Dies waren Fähigkeiten, dank derer er Illustrationen für die handgeschriebene Wochenzeitschrift der Schule anfertigte und einige der Dekorationen und Bühnenbilder für das Schultheater zeichnete und malte.

Francesc. Designated for the education of the popular classes, the school depended on private donations and on a contract with the local government. It was here that the young Gaudí came to know the Roman Catholic religion. This is when he probably began to develop his fervent faith, devotion, and religion that years later would show up in his Catalan architecture. When Gaudí was already immersed in the construction of the Sagrada Família, a group of ex-alumni from the school of Sant Antoni visited him at the temple. He was said to have assured them that he was proud of having studied at the Escuelas Pías. He said that he discovered there "the value of the divine story of the salvation of man through Christ incarnated and released to the world by the Virgin Mary."

During his high school years, Gaudí's performance was not remarkable; in fact, his student record, which still exists today, shows that the young man failed one or two classes and earned mediocre grades. Withdrawn, solitary, serious, and with a difficult character, Gaudí had a nervous mind. He found it hard to adjust to the authoritarian system, to school discipline, and to established norms. During this era, he became strongly attracted to drawing and architecture and had tremendous ability for manual work. He used these skills illustrate for the weekly school manuscript and to draw and paint decorations and scenes for the school theater.

With his mind bent on architecture–the activity he would continue for the rest of his life–Gaudí finished high school and moved to Barcelona to further his studies. At age 21, he was admitted to the Escuela Técnica Superior de Arquitectura. Before being accepted, he had to take a one-year preparatory course for entry. At this time, he was also called for military service. Though it seemed he was destined to join an infantry regiment, he apparently managed to avoid serving in the armed forces.

Mit dem Kopf immer bei der Architektur, der er den Rest seines Lebens widmen sollte, zog Gaudí nach dem Abitur nach Barcelona, um dort seine Ausbildung zu vervollständigen. Mit einundzwanzig Jahren wurde er an der Hochschule für Architektur angenommen und begann dort seine Ausbildung. Zuvor jedoch musste er an einem einjährigen Vorbereitungskurs für die Zulassung teilnehmen. In diese Zeit fiel die Einberufung zum Wehrdienst. Alles weist darauf hin, dass er anfänglich einem Infanterieregiment zugewiesen wurde. Er scheint allerdings die Freistellung geschafft zu haben und absolvierte den Wehrdienst nicht. 1876, kurz nach Beginn seines Architekturstudiums, starb sein Bruder Francesc und wenige Monate später seine Mutter. Von diesem Moment an teilte er die verschiedenen Wohnsitze, die er während seiner Ausbildung hatte, mit seinem Vater und seiner Nichte Rosa Egea. Sie bildeten seine Familie, da er nie heiratete.

In jenen Jahren musste der Vater aufgrund finanzieller Engpässe einen Familienbesitz verkaufen, und der junge Student sah sich gezwungen, verschiedene Arbeitsstellen bei Baumeistern in Barcelona anzunehmen,

Gaudí, ein Freimaurer?

Es sind viele Dinge über den katalanischen Architekten geschrieben und gesagt worden, die meisten davon sind nicht mehr als reine Vermutungen. So wurde Gaudí als Alchimist, als Anhänger des Templerordens oder als Drogensüchtiger verunglimpft. Es existieren jedoch keinerlei Beweise, die solche Behauptungen belegen würden. Einer der am weitesten verbreiteten Theorien zufolge war er Anhänger der Freimaurerei. Viele haben versucht, in seinem Werk Hinweise darauf zu finden, beispielsweise die Besessenheit Gaudís von bestimmten Elementen oder die Tatsache, dass er sich mit Personen umgab, die wirklich der Freimaurerloge angehörten. Hierzu zählen Eduard und Josep Fontserè, mit denen er zusammenarbeitete und die anerkannte Freimaurer waren. Mag es nun wahr sein oder nicht, es ist schwierig sich vorzustellen, dass ein Architekt, der an einer christlichen, katholischen und apostolischen Schule erzogen wurde und der von Anfang an immer religiöse Gebäude und Gegenstände entwarf, zu solch einem Doppelleben fähig gewesen sein soll, wie es ihm manche nachsagen.

In 1876, shortly after beginning his architecture studies, his brother Francesc died, followed by his mother a few years later. During the rest of his studies, Gaudí would share living quarters with his father and his niece Rosa Egea, the only family that he had and would have, since he never married.

During those years, economic hardships obliged Gaudí's father to sell the family property. In order to continue his studies and bring money home, the young architect accepted work with some of the construction masters of Barcelona.

As in high school, Gaudí was not a top student at the university. However, this did not prevent him from obtaining a solid background in architecture and basic knowledge, which he would soon move away from. Academic architecture would serve only as a base for the spectacular and revolutionary concepts that his mind was dreaming up. As a university student, Gaudí received his best grades in the classes of drawing and sketching by presenting different proposals than the other students in his class.

In 1878, the director of the Escuela Técnica Superior de Arquitectura sent the records of four students, including Gaudí, to the

um etwas Geld nach Hause zu bringen und mit der Architektur weitermachen zu können.

Genauso wie in seiner Zeit als Abiturient, war Gaudí auch kein herausragender Student an der Universität. Dies verhinderte jedoch nicht, dass er eine solide Ausbildung als Architekt erhielt. Ungeachtet dessen sollte er sich jedoch bald von diesen elementaren Kenntnissen entfernen. Die akademische Architektur diente ihm nur als Basis, um die Aufsehen erregenden und revolutionären Konzepte zu entwickeln, welche ihm sein Geist vorschrieb. Während der Ausbildung bekam er die besten Noten in den Fächern Zeichnen und Entwerfen. In beiden erhielt er ein Ausgezeichnet, da er Vorschläge präsentierte, die sich sehr von denen seiner Klassenkameraden unterschieden.

Im Jahr 1878 überstellte der Direktor der Hochschule für Architektur die Unterlagen von vier Schülern, darunter die Gaudís, an den Rektor der Universität mit dem Ersuchen, ihnen den Titel eines Architekten zu verleihen. Mit dem Titel in der Tasche war Gaudí bald sehr gefragt, weshalb seine ersten Aufträge als Architekt sehr unterschiedlich waren. Sie reichten vom Entwurf für einen Kiosk bis hin zu einer Mauer, einem Zaun und dem Säulendach für ein Theater in Sant Gervasi, einem Dorf, das mit den Jahren zu einem Stadtteil Barcelonas werden sollte. Ebenso schuf er ein Glasschaufenster für das Geschäft des Handschuhmachers Esteve

The Gran Teatre del Liceu, symbol of the thriving Barcelona bourgeoisie of the era.
Die Oper, das Gran Teatre del Liceu, Symbol des damals aufblühenden Bürgertums von Barcelona

Comella, das auf der Weltausstellung in Paris 1878 im spanischen Pavillon ausgestellt wurde.

Im Jahr seines Studienabschlusses wurde er von der Stadtverwaltung von Barcelona dazu auserwählt, Gaslaternen für die Straßenbeleuchtung zu entwerfen. Gaudí entwarf die sechsarmigen Laternen, die sich heute noch auf der Plaça Reial in Barcelona befinden, sowie die dreiarmigen auf dem Pla de Palau. Dies sollte die einzige Arbeit sein, die er für die Stadt Barcelona ausführte, da die Meinungsverschiedenheiten zwischen den Parteien nach Beendigung der Arbeiten ihm die Türen zu weiteren öffentlichen Ausschreibungen verschlossen.

Seinen ersten großen Auftrag erhielt Gaudí aus der Hand von Salvador Pagès, einem in Reus geborenen Arbeiter, der es in den Vereinigten Staaten zu großem Vermögen gebracht hatte. Pagès, der Leiter der Arbeitergenossenschaft von Mataró, wollte in diesem weniger als 30 km von Barcelona entfernten Küstenort eine Anlage mit Einzelwohnhäusern für Arbeiter erschaffen. Die geeignetste Person für die Durchführung dieser Arbeiten schien ihm Gaudí zu sein. Der junge Architekt arbeitete einen perfekten Siedlungsplan aus, von dem letztendlich jedoch nur ein kleiner Teil der in Auftrag gegebenen Gebäude errichtet wurde. Diese Tatsache rief in Gaudí tiefe Enttäuschung hervor.

Alles in allem wurde aber auch dieses Projekt 1878 auf der Weltausstellung in Paris vorgestellt und trug dazu bei, dass er es langsam zu einer gewissen Bekanntheit brachte. Von da an erwarteten Gaudí neue, finanzkräftigere Kunden und bedeutendere Arbeiten. Die Aufträge nahmen beträchtlich zu und machten den Entbehrungen, die er sein Leben lang erfahren hatte, zumindest für den Moment ein Ende.

Gaudí hatte schon während seines Studiums einiges an Erfahrung sammeln können, als er mit Professor Villar und dem Architekten Josep Fontseré zusammengearbeitet hatte. Mit dem Letzteren nahm er auch an den Arbeiten für den Parc de la Ciutadella teil. Am meisten sollte ihm jedoch Joan Martorell helfen. Der erfahrene Architekt erkannte die

university director, asking that they receive the title of architect. With his diploma in hand, Gaudí was beginning to be in demand, and he completed a diverse array of assignments after graduation. He designed everything from a kiosk and a wall to a wrought iron gate and a roof with columns for the theater of Sant Gervasi (a pueblo that would later be annexed to the city of Barcelona). Gaudí also designed a glass showcase for the store of the glove manufacturer Esteve Comella. The piece was exhibited at the Spanish Pavilion of the Universal Exhibition of Paris in 1878.

The same year Gaudí graduated from university, Barcelona's City Hall selected him to design street gas lampposts. Gaudí created the street lamps with six arms that are currently found in Barcelona's Plaça Reial and others with three arms located in Pla de Palau. This would be the only work that Gaudí would do for the Barcelona consortium, since they had a disagreement after the project was finished that closed the door to Gaudí's participation in future municipal contests.

Gaudí's first big assignment came from Salvador Pagès, a worker born in Reus who amassed a large fortune in the USA. Pagès was director of the worker's cooperative of Mataró, and he wanted to build a residential development of individual homes for the workers in the coastal town, located 30 km. from Barcelona. Gaudí proved that he was the best professional to do the job: The young architect designed a perfect urbanistic plan. However, he was only able to build a small part of the project, which deeply disappointed him. Nevertheless, the project was presented at the Universal Exhibition of Paris in 1878, which increased Gaudí's profile. From then on, Gaudí was awarded more important assignments from wealthier clients. His workload increased considerably and the hardship that he had known throughout his life ended, at least for the moment.

One of Gaudí's strong points was his experience. While studying, he had worked with Professor Villar and collaborated with the architect Josep Fontseré on various projects for the Parc de la Ciutadella. However, the person who had helped him most was Joan Martorell. A veteran architect, Martorell was aware of his assistant and protégé's potential and talent; he opened the doors for Gaudí to a new life. Martorell presented the architect to the man who would become his patron and one of his best friends and clients: Eusebi Güell i Bacigalupi. Güell's confidence in Gaudí meant that other important members of Barcelona's bourgeoisie would eventually entrust him with different projects.

Eusebi Güell was the son of Joan Güell Ferrer, one of the driving forces behind Catalan industry and a leader of Catalan economic thought. From his maternal side, he inherited a passion for arts and culture. Eusebi Güell understood music, sculpture, and painting; he liked to travel and visit museums and foreign monuments. So it's not surprising that he went to Paris in 1878 to see the Universal Exhibition and the latest innovations in textile machinery for his business. At the exhibition, a splendid display caught his attention. When he returned to Barcelona, he managed to find out that Gaudí had designed the works. Shortly thereafter, a friendship blossomed between Güell and Gaudí that lasted until

enormen Fähigkeiten seines Schützlings und Helfers und öffnete ihm die Türen zu einem neuen Leben. Er stellte ihn dem Mann vor, der sein Mäzen und einer seiner besten Freunde und Kunden werden sollte: Eusebi Güell i Bacigalupi. Dies hatte zur Folge, dass mit der Zeit auch andere bedeutende Vertreter des Bürgertums von Barcelona ihr Vertrauen in ihn setzten und ihm Aufträge für verschiedene Projekte gaben.

Eusebi Güell, der Sohn Joan Güell Ferrers, einer der treibenden Kräfte und Vordenker der katalanischen Industrie, hatte von seinem Vater den ausgeprägten Geschäftssinn geerbt, von seiner Mutter dagegen die große Leidenschaft für Kunst und Kultur. Eusebi Güell verstand etwas von Musik, Bildhauerei und Malerei. Er liebte es, zu reisen und ausländische Museen und Monumente zu entdecken. So ist es nicht verwunderlich, dass ihn eine dieser Reisen 1878 nach Paris führte, wo er die Weltausstellung besuchte, um bezüglich der technischen Neuheiten in Sachen Textilmaschinen für sein Geschäft auf dem Laufenden zu sein. Dort erweckte eine großartige Glasvitrine seine Aufmerksamkeit. Nach seiner Rückkehr nach Barcelona fand er heraus, dass Gaudí jenes Kunstwerk entworfen hatte.

Die zwischen Güell und Gaudí entstehende Freundschaft hielt bis zum Tod des Unternehmers im Jahr 1918 an. Niemand verstand und schätzte die Architektur seines Freundes so sehr wie er. Die beiden Männer entstammten sehr unterschiedlichen gesellschaftlichen Schichten, waren sich aber im Geiste sehr nahe. Sie fühlten sich zutiefst als Katalanen, und ihr Nationalgefühl führte sie dazu, stets die katalanische Sprache und Kultur zu fördern, auch in den Zeiten, als es verboten war. Sie forderten ihre Rechte als Katalanen immer ein, wenn sie konnten. Dieses Nationalgefühl kommt in zahlreichen Werken des Architekten zum Ausdruck, sei es in Form von Skulpturen, dem Wappen mit den vier Streifen, der »senyera« genannten katalanischen Flagge, oder sonstigen ornamentalen und symbolischen Elementen.

Der erste Auftrag, den Gaudí von seinem späteren Förderer annahm, war das Projekt für einen Jagdpavillon auf einem Grundstück, das Güell in

the businessman's death in 1918. No one knew understood and valued the architecture of his friend like he did. Though the two men had very different social backgrounds, they shared a similar spirit. They both felt deeply Catalan and their nationalism inspired them to promote the Catalan culture and language whenever they could, including when it was prohibited and persecuted. Whenever possible, they also demanded their rights as Catalans. These nationalist feelings are represented in many of Gaudí's designs, as ornamental and symbolic elements, including sculptures and coats of arms which feature the four bars of the "senyera" (the Catalan flag).

The first assignment that Gaudí accepted from Güell was a hunting pavilion that Güell wanted to build on some land he owned near Barcelona. Projects of greater magnitude followed, including an urban palace situated near La Rambla in Barcelona, a summer estate, and a colony that the businessman wanted to construct based on the method used for the English worker's colonies built during the era. However, these weren't Gaudí's only assignments, since he never worked for Güell exclusively. The architect alternated buildings for his mentor with other commissions, such as a house for the ceramic manufacturer Manuel Vicens, a summer residence in Comillas for Máximo Díaz de Quijano, a Theresian school, and the Episcopal Palace of Astorga. He also designed a building for Maria Sagués on the land that centuries before was the site of the summer residence of the King Martí I l'Humà, the last Catalan-Aragonese monarch.

Once Gaudí had become a close friend of Güell, he increased his assignments and fees and widened his circle of acquaintances. He entered a prolific period of creative production that eventually led him –with more architectural experience– to create his own personal style. In 1883, his friend Joan Martorell faced a delicate issue: He was looking for a new architect to take over the construction of the temple of the Sagrada Família.

der Nähe von Barcelona besaß. Daraus ergaben sich weitere Aufträge von größerer Tragweite, zum Beispiel der Stadtpalast in der Nähe der Rambla von Barcelona, die Sommerresidenz oder die Siedlung, die der Unternehmer im Stile der englischen Arbeiterkolonien dieser Zeit bauen wollte – um nur einige zu nennen. Das waren jedoch nicht die einzigen Projekte, denn Gaudí arbeitete niemals ausschließlich für Güell allein. Er unterbrach die Arbeiten für seinen Mentor immer wieder durch andere Aufträge. Hierzu gehören das Haus für den Ziegelsteinfabrikanten Manuel Vicens, die Sommerresidenz für Máximo Díaz de Quijano in Comillas, das Colegio de las Teresianas, der Bischofspalast von Astorga oder aber das Gebäude für Maria Sagués auf dem Gelände, auf dem sich Jahrhunderte zuvor die Sommerresidenz König Martís I l'Humà, des letzten katalanisch-aragonesischen Monarchen, befunden hatte.

Durch seine Freundschaft mit Güell konnte Gaudí die Zahl seiner Aufträge steigern, seine Honorare erhöhen und seinen Bekanntenkreis ausweiten. Er durchlebte eine sehr fruchtbare Schaffensperiode, die ihn im Lauf der Zeit und mit wachsender Erfahrung zu der für ihn so charakteristischen Sprache finden ließ.

1883 wurde an Joan Martorell eine heikle Angelegenheit herangetragen: Es ging darum, einen neuen Architekten für die Arbeiten an der Kirche der Sagrada Família zu finden.

Bereits 1882 war der Grundstein für das Gotteshaus gelegt worden, dessen Bau einige Zeit zuvor Vater Manyanet, Gründer der Institute der Söhne der Sagrada Família, angeregt hatte. Josep Bocabella hatte den Auftrag erhalten, das für den Bau notwendige Geld herbeizuschaffen. Da es sich um einen Sühnetempel handelte, durften die finanziellen Mittel nur aus Spenden von Gläubigen stammen. Der mit dem Projekt beauftragte Architekt war Francisco de Paula del Villar, der ehemalige Lehrer Gaudís aus seinen Zeiten an der Universität. Zu Beginn der Arbeiten an der Krypta kam es zu Auseinandersetzungen zwischen Villar und Bocabella, die schließlich zum Rücktritt Villars führten. Joan Martorell, zu jenem Zeitpunkt der Assistent Bocabellas, schlug Gaudí für die Leitung

Father Manyanet, the founder of the institute Fills de la Sagrada Família, had already envisioned the temple's design and the first stone had been put in place in 1882. Josep Bocabella was in charge of raising the money for the construction. Since it was an expiatory temple, it could only be financed with money from donations. The architect who was in charge of the project was Francisco de Paula del Villar, Gaudí's former university professor. As soon as the construction of the crypt began, Villar and Bocabella had disagreements and Villar eventually resigned. Joan Martorell–Bocabella's architect assessor at the time–suggested that Gaudí take over the direction of the temple's construction. Bocabella did not object to the solution for two reasons: he fully trusted the veteran architect and, in principle, it was a routine assignment since the plans for the project were totally finished.

Gaudí combined other assignments with the works of the Sagrada Família until 1914, when he dedicated himself exclusively to the construction of the temple. From this date until his death, Gaudí did not accept any other assignments and isolated himself from everything that might distract him from his obsession. He devoted his life to the construction of what, on one occasion, he said would be the "first cathedral of a new series". He even moved his residence right next to the cathedral so that he would save time by not having to commute. The brilliant artist spent his last days immersed in the temple's construction.

Alone, sad, spiritless, and slovenly, the aging architect had dedicated his life to God and to a project with no end in sight. However, his dream was cut short on the June 7, 1926, due to an unfortunate accident. As an older man, Gaudí paid so little attention to his appearance that he looked like a vagabond. After being hit by a tram, he lay on the ground, badly wounded. No one paid attention to the supposed beggar except one man, the textile merchant Ángel Tomás Mohino, whose identity was recently discovered. He and another passerby helped the victim. Tomás

der Bauarbeiten vor. Gegen diese Lösung hatte Bocabella aus zwei Gründen nichts einzuwenden. Auf der einen Seite hatte er vollstes Vertrauen in den ehrwürdigen Architekten, auf der anderen handelte es sich eigentlich um eine Routinearbeit, da sämtliche Zeichnungen für das Projekt vollständig fertig gestellt waren.

Von jetzt an stimmte Gaudí seine neuen Aufträge mit den Arbeiten an der Sagrada Família ab, bis er 1914 den Entschluss fasste, sich ausschließlich dieser Aufgabe zu widmen.

Bis zu seinem Tod sollte Gaudí keine neuen Aufträge mehr annehmen und Abstand von allem nehmen, was ihn von seiner Obsession fern hielt. Diese bestand darin, sein Leben ganz dem Bauwerk zu widmen, von welchem er einmal sagte, dass es »die erste Kathedrale einer neuen Serie« sei. Der geniale Künstler verlegte sogar seinen Wohnsitz in die unmittelbare Nähe der Baustelle, damit er sich Wege ersparen und die Zeit besser nutzen konnte. Er beendete sein Dasein in vollständiger Versunkenheit in die Arbeiten an der Kirche.

Einsam, traurig, innerlich erloschen und äußerlich heruntergekommen, hatte der gealterte Architekt sein Dasein Gott und einem Projekt geweiht, das kein Ende zu nehmen schien. Am 7. Juni 1926 wurde es aufgrund eines tragischen Unfalls abgebrochen. Gaudí, dessen Äußeres so vernachlässigt war, dass er wie ein alter Landstreicher aussah, wurde von einer Straßenbahn angefahren und blieb schwer verletzt auf der Straße liegen.

Niemand schenkte dem mutmaßlichen Bettler Aufmerksamkeit. Nur ein Mann, der Textilhändler Ángel Tomás Mohino, dessen Identität man erst vor kurzem herausgefunden hat, leistete dem Verletzten zusammen mit einem weiteren Passanten Hilfe. Tomás Mohino bemühte sich, einen der vorbeikommenden Taxifahrer anzuhalten, um den Verunglückten ins Krankenhaus transportieren zu lassen. Es gelang ihm nicht, und so wurde Gaudí schließlich ins Armenkrankenhaus gebracht. Dort starb das Genie in einem kalten Raum drei Tage nach dem tödlichen Unfall.

Mohino tried to convince some of the taxi drivers who passed by to take the wounded man to a medical center but he had no luck. Finally taken to a hospital for the poor, the genius died in a desolate room three days after the fatal accident.

Antoni Gaudí, in 1924, during the procession of Corpus Christi at the Catedral de Barcelona (Photograph: Brangulí, Arxiu Nacional de Catalunya)

Antoni Gaudí (vorne rechts) im Jahre 1924 während der Fronleichnamsprozession vor der Kathedrale von Barcelona (Foto: Brangulí, Nationalarchiv von Katalonien)

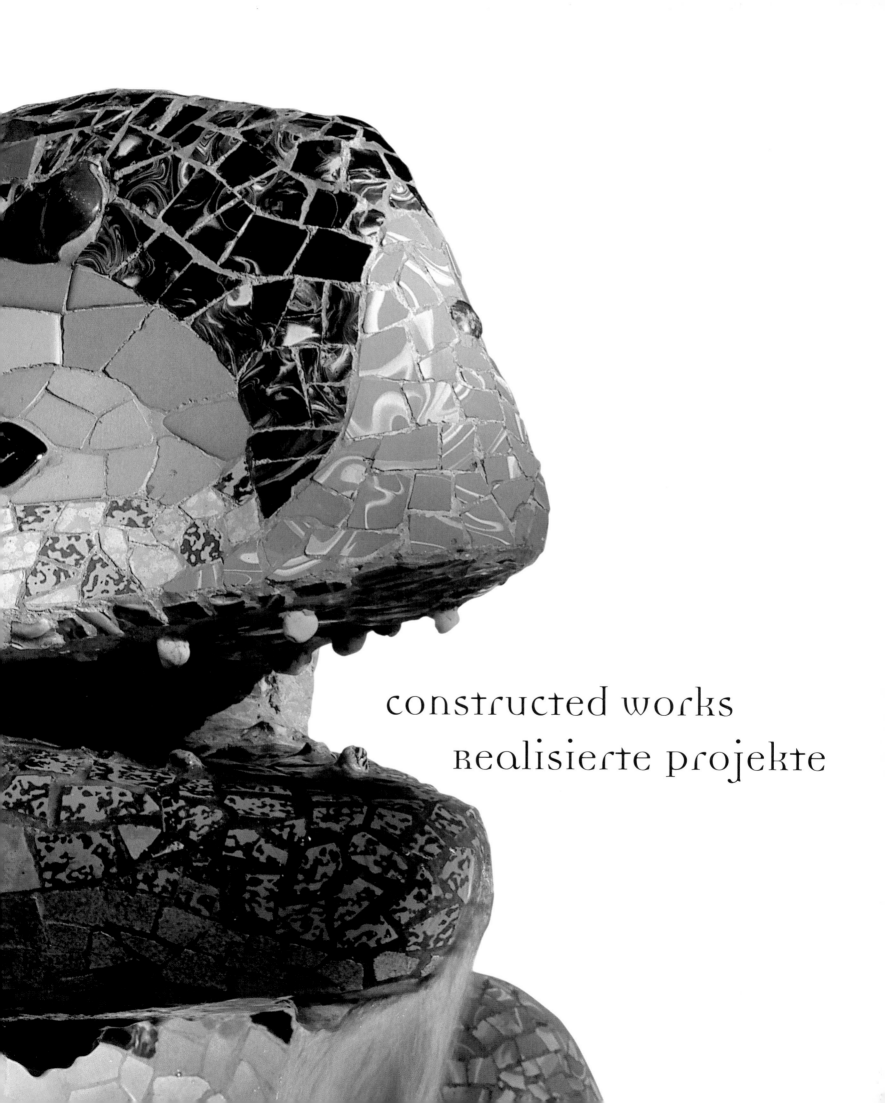

constructed works

realisierte projekte

© Roger Casas

casa vicens

Carolines, 24–26, Barcelona
1883–1888

"When I went to take measurements of the site, it was totally covered by small yellow flowers, which I adopted as an ornamental theme for the ceramics"

»Als ich das Grundstück vermaß, war es von kleinen gelben Blumen überwuchert, die ich später als Thema in den Kacheln wieder aufgriff.«

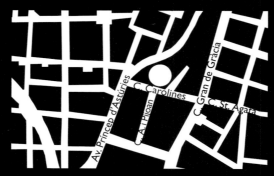

Closed to the public
Das Innere kann nicht besichtigt werden

In 1883, a young Gaudí accepted one of his first commissions as an architect, since up to that time he had only directed public projects. Though Casa Vicens was the work of a beginner, it reflected the architect's enthusiasm and provided a glimpse of his imagination, sensitivity and skill. One can still appreciate in Casa Vicens the rectilinear lines that Gaudí later abandoned in favor of curves and impossible forms. However, the Gaudí touch is definitely present in this ostentatious and unique construction.

Situated at number 24–26 on Carolinas Street, in the neighborhood of Gràcia, Casa Vicens is a magnificent building that mixes Spanish architectural forms (inspired by medieval architecture) with Arabic elements. The architectural style is more similar to Moorish Art than to the French School, which tended to set the trends of the era.

The tile and brick producer Manuel Vicens commissioned Gaudí to build the residence in 1878, the same year that Gaudí earned the title of architect. The actual construction of the house began five years later. The assignment entailed building a summer residence with a garden on a modest construction site surrounded by traditional buildings. These conditions might have caused problems, but they did not stop the young Gaudí from giving the project his personal touch and creating a house perfectly suited to its environment.

The dynamic composition features attractive geometric combinations determined with skill and alternating, repeating chromatic designs

The architect envisioned Casa Vicens as a subtle combination of geometric volumes. Resolved with skill and mastery, the building features horizontal bands on the lower part and vertical lines, accentuated by varnished ceramics as ornamentation on the upper part. Before beginning the construction, the artist found inspiration in the plants and flowers growing on the site. Some stretches of the tile covering the façade re-create these natural elements.

With Casa Vicens, Gaudí laid the foundations for what would later become a trademark of his work: the special and continual fusion between architecture and plastic arts. The building, with a square floor plan, has a ground floor, a semi-basement, and a top floor. Yet, the house is smaller than it seems.

© Pere Planells

Im Jahr 1883 nahm der junge Gaudí seinen ersten Auftrag als Architekt in Angriff, da er bis dahin nur einige öffentliche Bauarbeiten geleitet hatte. Das Bauwerk spiegelt die Begeisterung des Architekten für seine ersten Projekte wider. Auch wenn es sich um das Werk eines Anfängers handelt, lässt die Casa Vicens doch schon den Einfallsreichtum, die Empfindsamkeit und das Können ihres katalanischen Schöpfers spüren. Dieses Gebäude ist noch von einem konventionellen Grundriss und geraden Linien geprägt. Im Laufe der Zeit werden sie zunehmend zugunsten geschwungener Formen verdrängt. Zweifellos ist aber der Stil Gaudís bei diesem prächtigen und einzigartigen Bauwerk bereits im Keim vorhanden.

Die Casa Vicens befindet sich mitten im Stadtviertel Gràcia und stellt sich als wundervolles Bauwerk dar, bei dem sich von der mittelalterlichen Baukunst Spaniens inspirierte architektonische Formen mit Elementen von ausgeprägt arabischem Charakter mischen, die eher der Mudéjar-Kunst zuzuordnen sind als den zeitgenössischen Bauten, bei denen der Einfluss der französischen Schule maßgeblich war.

Das Projekt wurde Gaudí 1878 von dem Kachel- und Ziegelsteinfabrikanten Manuel Vicens übertragen – im gleichen Jahr, in dem ihm der Titel eines Architekten verliehen wurde –, obwohl die Bauarbeiten erst fünf Jahre später beginnen sollten. Aufgabe war es, eine Sommerresidenz mit Garten zu errichten. Das Haus sollte auf einem nicht übermäßig großen Grundstück zwischen Gebäuden im herkömmlichen Stile entstehen. Doch

Gaudí gelang eine dynamische Komposition, die Anleihen bei der Geometrie und sich wiederholende Farbflächen geschickt verband

auch unter diesen problematischen Bedingungen konnte Gaudí dem Werk sein persönliches Siegel aufdrücken und ein völlig andersartiges, jedoch perfekt an seine Umgebung angepasstes Haus errichten.

Der Architekt plante den Bau mit Geschick und meisterlichem Können als eine subtile Kombination von geometrischen Bestandteilen, deren Aufgabe darin bestand, die waagerechten Streifen im unteren Teil des Gebäudes mit den senkrechten Linien im oberen Teil in Einklang zu bringen. Die Linien wurden noch dadurch betont, dass sie mit glasierten Kacheln geschmückt wurden. Der Künstler bezog seine Inspiration aus den Blumen und Pflanzen, die vor Beginn der Bauarbeiten auf dem Gelände wuchsen. Daher finden sich auf den Kacheln an der Fassade über weite Strecken Motive aus der Natur.

Left: In the dining room the ceiling is richly decorated with luxuriant stucco reliefs showing cherry foliage and fruits.
Right: Detail of the ceiling in the gallery adjoining the living room

Links: Im Esszimmer ist die Decke mit üppigen Stuckreliefs aus Kirschen und Kirschbaumblättern reich dekoriert.
Rechts: Detail der Decke in der an das Wohnzimmer angrenzenden Galerie

The semi-basement originally housed the service rooms. The ground floor, situated slightly above the entrance level, was designed to accommodate the spaces for daily and common use, like the dining room, a covered gallery, and a smoking room. The second floor contains the bedrooms, and an attic is situated above.

For the exterior walls, Gaudí opted to use simple materials, like ochre-colored natural stone as a base element combined with bricks. The result of this combination is that the brick stands out as a decorative element, as do the multicolored tiles that extend along the wall in a pattern similar to that of a chessboard. The colored ceramics and the small towers give the composition an Arabic feel, which contrasts pleasantly with the window grates, the small balconies and the modernist forms of the wrought iron garden gates.

The exterior of the residence surprises the visitor with its lively, dynamic, and ingenious effects, achieved thanks to the profusion of ornamental details, many of them with oriental motifs. Yet, the interiors also deserve special attention. Each one of the spaces was decorated with care and has a unique, unrepeatable atmosphere. Unfortunately, the building is a private home that is closed to the public.

In 1925, the architect J.B. Serra de Martínez enlarged the house, respecting as much as possible the criteria, forms, and colors used by Gaudí. In 1927, Barcelona's City Hall awarded Serra de Martínez a prize.

When the street was widened in 1946, various elements were eliminated, including the arbor, the monumental fountain with an exposed parabolic arch, and part of the garden. In 1983, a replica of the brick and ceramic fountain, on a much smaller scale, was created in the garden of the Cátedra Gaudí at Finca Güell.

© Roger Casas

Mit der Casa Vicens legte Gaudí den Grundstein für ein späteres Merkmal seines Werkes, nämlich die eigentümliche kontinuierliche Synthese zwischen der Architektur und den bildenden Künsten.

Das Haus mit seinem quadratischem Grundriss hat zwei echte Stockwerke – Erdgeschoss und erste Etage – sowie ein Halbsouterrain und ist eigentlich kleiner, als es erscheint. Im Halbsouterrain waren ursprünglich die Räume des Dienstpersonals untergebracht. Das Erdgeschoss, leicht oberhalb der Eingangsebene angesiedelt, war für gemeinschaftlich genutzte Räume vorgesehen wie etwa Esszimmer, eine überdachte Galerie, ein Rauchzimmer und ein Salon. Im oberen Stockwerk lagen die Schlafzimmer. Oberhalb dieser Ebene befindet sich ein abschließendes Stockwerk als Dachgeschoss.

Bei den Außenmauern kamen einfache Werkstoffe wie ockerfarbener Naturstein als Basiselement in Verbindung mit Ziegelstein zum Einsatz. Das Ergebnis dieser Verbindung ist, dass der Ziegelstein als ornamentales Element hervorsticht, ebenso wie die bunten Kacheln, die sich über die ganze Mauer hinziehen und deren Anordnung an ein Schachbrett erinnert. Diese farbige Keramik verleiht der Komposition zusammen mit den Türmchen ein lebendiges arabisches Flair, das angenehm mit den modernistischen Formen der schmiedeeisernen Gartenmauer, den kleinen Balkonen oder den Gittern vor den Fenstern kontrastiert.

Überrascht schon das Äußere durch seine Lebendigkeit, Dynamik und Originalität (diese Wirkung wird durch die überall vorhandenen ornamentalen Details erreicht, viele davon mit orientalischen Motiven), so ist das Innere vielleicht noch außergewöhnlicher: In jedem Raum wurde auf die Dekoration höchste Sorgfalt verwendet, sodass sie alle eine einzigartige, unnachahmliche Atmosphäre besitzen. Da es sich nach wie vor um ein privates Wohnhaus handelt, ist eine Besichtigung der Räume leider nicht möglich.

Im Jahre 1925 erweiterte der Architekt J. B. Serra de Martínez das Haus und respektierte dabei weitestmöglich die von Gaudí verwendeten Kriterien, Formen und Farben. Für die Arbeiten wurde er 1927 mit dem Preis der Stadt Barcelona ausgezeichnet.

Die Gartenlaube, der monumentale Springbrunnen mit einem Parabolbogen aus unverputztem Ziegelstein und ein Teil des Gartens fielen dem Ausbau der Straße 1946 zum Opfer. Seit 1983 kann man einen verkleinerten Nachbau des Springbrunnens aus Ziegelstein und Keramik im Garten der Finca Güell besichtigen.

Gaudí emulated the Moorish style and resolved one of his first works with great skill. Outstanding features include the striking and generous ceramic ornamentation of the façade and the stunning wrought iron work of the entrance door gate, balconies, banisters, and window grates.

Durch Nachempfinden des maurischen Stils löste Antoni Gaudí einen seiner ersten Aufträge auf meisterhafte Art und Weise. Den Aufsehen erregenden großzügigen Keramikschmuck der Fassade ergänzen die sorgfältigen Schmiedeeisenarbeiten an dem großen Gitter der Eingangstür, den Balkonen, den Geländern und Fenstergittern.

© Roger Casas

© Miquel Tres

© Roger Casas

© Pere Planells

40

The rich decoration used to cover the ceilings and walls demonstrates once again that Gaudí's creative talent had no limit. Diverse forms inspired by vegetable and floral motifs accentuate the decoration of the baroque interiors. For example, in the smoking room, Gaudí covered the walls with papier-mâché, and the level, vaulted ceiling copies the style of Islamic constructions. Each cavity of the vault is covered with plaster and carved to simulate the leaf of a palm tree.

Der ornamentale Reichtum an Decken und Wänden beweist, dass die schöpferische Fantasie Gaudís keine Grenzen kannte. Unterschiedliche, sämtlich von Blumen- und Pflanzenmotiven inspirierte Formen heben die Dekoration der barocken, ausnehmend ausdrucksstarken Innenräume hervor. Im Rauchzimmer verkleidete er zum Beispiel die Wände mit Presskarton, die gewölbte Zwischendecke ahmt den Stil islamischer Bauweise nach. Alle gipsverputzten Gewölbe wurden so bearbeitet, dass sie wie Palmblätter aussehen.

Left: Gaudí used varnished ceramics to cover the lower part of the chimney in the dining room and stucco to decorate its hood. For the area between the doors that separate this space from the adjoining gallery, he created large drawings of animals and small, framed decorative fabrics.

Links: Der Architekt verwendete glasierte Kacheln zur Verkleidung des unteren Teils des Kamins im Esszimmer und Stuck für die Dekoration des Abzugs. In dem Raum zwischen dem Esszimmer und der angrenzenden Galerie verwendete er großformatige Zeichnungen von Tieren und kombinierte sie mit kleinen gerahmten Dekorstoffen.

© Pere Planells

© Pere Planells

As a constructional solution and in honor of Manuel Vicens i Montaner, the tile manufacturer who entrusted him with the project, Gaudí used glazed ceramics to decorate the walls of the façade as well as many of the residence's interior walls.

Nicht nur zu Ehren von Manuel Vicens i Montaner, dem Kachelfabrikanten, der das Projekt in Auftrag gab, sondern auch als bauliche Lösung verwendete Gaudí Glaskeramik, die sowohl die Mauern der Fassade als auch zahlreiche Innenwände schmückte.

villa Quijano - El capricho

Comillas, Santander
1883–1885

"The owner was called Díaz de Quijano and I said to myself: Quijano, Quijada ... Quijote, better not go there, because we might not understand each other"

»Der Besitzer hieß Díaz de Quijano, und ich sagte zu mir: Quijano, Quijada ... Quijote. Geh lieber nicht hin, denn vielleicht werden wir einander nicht verstehen.«

Restaurant hours, closed Mondays
Free entry

Montags geschlossen, an den übrigen Tagen den Öffnungszeiten des Restaurants entsprechend zugänglich
Eintritt frei

The owner of this property, Máximo Díaz de Quijano, wanted a country house adapted to his needs as a bachelor. This whim caused Villa Quijano to be known as "El Capricho" or "The Caprice." Quijano commissioned Gaudí to make his wish a reality and offered no concept or sketch of the house before its completion.

The construction, located on the outskirts of Comillas, Santander, was in isolated countryside among an exuberant and green natural setting. Villa Quijano shares certain characteristics with other projects completed by the architect during this period, including Casa Vicens in Barcelona. However, "El Capricho" demonstrates, at least at first glance, a more restrained and austere manner. There is a definite predominance of curved lines, which begin to steal the show from straight lines. Also present is the architect's desire to conjugate typical Spanish medieval architecture with oriental elements.

The final result of this medley of styles used by Gaudí is a provocative and personal building. The architect entrusted the villa's construction to his friend Cristòbal Cascante i Colom. Even though an inspired originality runs throughout the interior and exterior, the Catalan architect did not renounce functionality.

The building's natural surroundings define its architectural profile. Tones borrowed from nature create harmonic chromatic contrasts

This is demonstrated by the fact that he paid special attention to the interior spatial organization so that it befits the life and necessities of a bachelor. On the exterior, he also used an inclined roof that adapts to the climatic conditions of the region, where rain is frequent.

The compact building rises up from a solid stone base. The alternating ochre and red bricks are enhanced by rows of green varnished tiles interspersed with ceramic pieces with reliefs of sunflowers. The strength of the composition is broken by the light and svelte tower that presides over it, but seems to have no apparent function. The tower is elevated above a small lookout formed by the four thick columns that support it. The slim tower is crowned by a unique and diminutive roof sustained by light metal supports that seem to defy the laws of gravity and give the building the appearance of typical minarets of Muslim mosques.

Máximo Díaz de Quijano, der Eigentümer dieses Hauses, wünschte sich einen Landsitz, der seinen Bedürfnissen als Junggeselle angepasst war – daher der Beiname »El Capricho«, unter dem die Villa Quijano bekannt wurde. Quijano, der vor Fertigstellung des Hauses nicht einen Entwurf zu Gesicht bekam, gab dem jungen Gaudí den Auftrag zur Verwirklichung seines Wunsches.

Das Bauwerk steht isoliert außerhalb von Comillas (Santander) und erhebt sich mitten aus der Landschaft. In seiner Bauart sind einige Ähnlichkeiten mit einem anderen Werk des Architekten aus derselben Schaffensperiode festzustellen, der Casa Vicens in Barcelona. Bei »El Capricho«, das im Vergleich dazu zurückhaltender und nüchterner wirkt, herrschen geschwungene Linien vor, die gegenüber den Geraden immer mehr an Gewicht gewinnen. Auch hier zeigt sich das Bestreben, Formen, die der mittelalterlichen spanischen Bauweise entstammen, mit Elementen orientalischer Reminiszenz zu vereinen.

Trotz der eigenwilligen Originalität, die sich durch das ganze Haus zieht, verzichtete der katalanische Architekt, der die Leitung der Arbeiten seinem Freund Cristòbal Cascante i Colom übertrug, keineswegs auf Funktionalität. Der Aufteilung im Inneren widmete er sogar besondere Aufmerksamkeit, um den Wünschen

Die Umgebung bestimmt das architektonische Profil des Bauwerks. Anleihen aus der Natur sorgen insbesondere bei der Farbgebung für harmonische Kontraste

des Eigentümers zu entsprechen. Außen baute er ein Schrägdach, das den klimatischen Bedingungen der Region mit ihren häufigen Niederschlägen angepasst war.

Das kompakte Gebäude ruht auf einem soliden Steinsockel und ist aus rötlichen und ockerfarbenen Ziegelsteinmauern errichtet. In ihrer Einheitlichkeit werden sie von Reihen aus glasierten Kacheln geschmückt: Sonnenblumenblüten und -blätter wechseln sich ab. Die Robustheit des Komplexes wird durch den leichten, schlanken Turm unterbrochen, der, obwohl beherrschend, keine weitere sichtbare Funktion hat. Er erhebt sich über einem kleinen Erker mit vier dicken tragenden Säulen. Der Turm wird von einem ungewöhnlichen Dach gekrönt, das auf leichten Metallträgern ruht, die den Gesetzen der Schwerkraft zu trotzen scheinen und dem Ganzen einen eigentümlichen Anklang an muslimische Minarette verleihen.

Photographs of "El Capricho": Pere Planells Fotos von »El Capricho«: Pere Planells

Left: Detail of the façade: ceramic sunflowers and leaves
Right: View of the south façade

Links: Detail aus der Fassade: Sonnenblumenblüten und -blätter aus Keramik
Rechts: Ansicht der Südfassade

A svelte tower rises up from four heavy columns. The tower has no apparent function, yet dominates the composition. A cylindrical trunk covered with ceramics supports a small wrought iron balustrade crowned by a shrine with reduced proportions. The resulting structure is reminiscent of traditional Muslim minarets. Inside the tower, Gaudí installed a spiral staircase that is illuminated exclusively by the light that shines in through narrow windows which perforate the body of the bastion and alternate along the structure.

Aus vier soliden Säulen erwächst der mit Kacheln verkleidete Turm, der von einer schmiedeeisernen Balustrade abgeschlossen und von einem Miniaturtempel gekrönt wird. Eine Wendeltreppe in seinem Inneren führt nach oben. Sie wird lediglich durch das natürliche Licht erhellt, das durch die schmalen Fenster in den Mauern des Turmes hereinfällt.

The solid lines of the projecting corner balconies, erected of stone, are softened by the roof, which is made of square steel bars and light banisters. When the lines coincide at an angle, they become original wrought iron benches. Between the balconies, Gaudí placed guillotine windows that use metallic tubes as counterweights. Thanks to this solution, the windows create a peculiar, musical sound when opened or closed.

Die starken Linien der an den Ecken vorstehenden Balkone werden durch schmiedeeiserne Gitter abgemildert. In den Schiebefenstern erzeugt ein System von Metallrohren, die als Gegengewicht eingebaut sind, beim Öffnen und Schließen Töne.

The building features some of the characteristic elements of Gaudí's architecture, such as stained glass windows. Two of the windows remain; in one, a bird touches a keyboard, and in the other, a dragonfly plucks a guitar. Both are examples of Gaudí's original idea of combining music and architecture in the residence.

Das Gebäude vereinigt einige der für die Architekur Gaudís charakteristischen Elemente, wie zum Beispiel die farbigen Glasfenster, von denen zwei erhalten sind. Eines stellt einen Vogel auf einer Klaviertastatur dar und das andere eine Libelle mit einer Gitarre. Beide veranschaulichen Gaudís Bemühen, in diesem Gebäude Architektur und Musik zusammenzuführen.

Gaudí paid special attention to the interiors of the residence, especially to their organization and decorative details. The spatial distribution was perfectly adapted to the needs of the owner, a young bachelor. The building was purchased by a Japanese group in 1992 that runs a restaurant in the interior called "El Capricho de Gaudí."

Gaudí widmete der Innenraumgestaltung des Wohnhauses besondere Aufmerksamkeit, und zwar sowohl in Hinblick auf die Aufteilung und Anordnung der Räume als auch die schmückenden Details. Auf diese Weise wurde eine den Bedürfnissen des Eigentümers, eines jungen ledigen Mannes, perfekt angepasste Raumverteilung vorgenommen. Seit 1992 befindet sich das Gebäude im Besitz einer japanischen Unternehmergruppe, die hier das Restaurant »El Capricho de Gaudí« führt.

Villa Quijano was conceived as a living organism, and the path of the sun determines the daily activities of the residence. The spaces are oriented towards the south, west or north, depending on the activity that takes place and the season of the year.

Der Lauf der Sonne sollte die alltäglichen Abläufe in dem Haus bestimmen, das als ein lebendiger Organismus entworfen wurde. Die Räume sind nach Süden, Norden oder Westen ausgerichtet, je nach Jahreszeit und der Tätigkeit, der darin nachgegangen wird.

Large windows inundate the space with light. Another solution that visually enlarges the rooms are the high, coffered wood ceilings that are true works of art

Neben den großflächigen Fenstern, die den Raum mit Licht durchfluten, sorgt insbesondere die großzügige Deckenhöhe für eine optische Vergrößerung der Räume. Den Abschluss der Decken bilden aufwendig gestaltete Holzvertäfelungen, die regelrechte Kunstwerke darstellen.

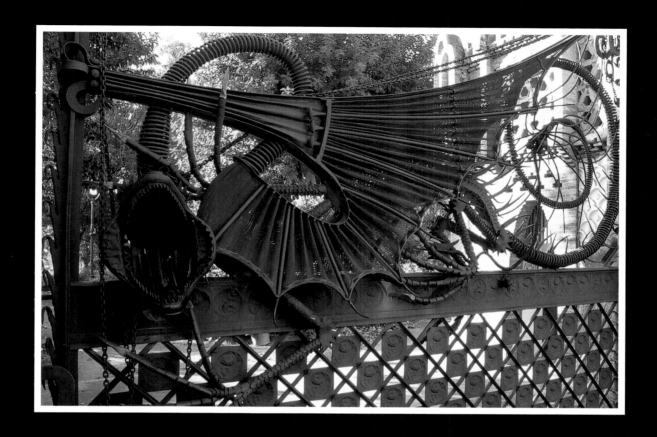

finca güell

Avinguda Pedralbes / Avinguda Joan XXIII, Barcelona
1884–1887

*"The Door of the Dragon", a masterly work of wrought iron, was inspired by Greek mythology.
The dragon is both a decorative figure and the guardian who watches over the Gaudian universe
hidden behind the gate*

*»Das Drachentor«, eine meisterhafte Schmiedeeisenarbeit, ist von der griechischen Mythologie
inspiriert. Der Drache ist nicht nur schmückende Figur, sondern auch Wächter des Gaudischen
Universums, das sich dahinter befindet.*

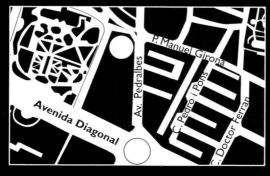

Hours: 8 a.m. to 1:30 p.m. Monday to Friday
Free entry

Öffnungszeiten: Montag bis Freitag 8–13.30 Uhr
Eintritt frei

Eusebi Güell, one of Gaudí's best friends and the principal patron of his work, commissioned the architect in 1884 to construct his estate situated between Les Corts and Sarrià, Barcelona neighborhoods that were then villages on the outskirts. The work entailed rehabilitating some existing buildings and constructing other modules and additional elements, including an enclosing wall with three gates, caretaker's quarters, stables, a fountain, a mirador, the resident chapel, and various decorative objects.

The vast plot of land on which the estate was constructed incorporated three estates, Can Feliu and Baldiró Tower, acquired by Güell in 1870, and Can Cuyàs, purchased in 1883. The architect situated the main entrance of the palatial residence at the Cuyàs estate.

At Güell's request, Gaudí gave great importance to this entrance, which includes two doors—one for people and another for carriages—and is flanked by two pavilions. The volume situated to the left was the caretaker's dwelling. The right side was designated for the stables and was linked to another space used as a manège ring.

The caretaker's quarters were designed as a pavilion distributed in three volumes. The main one has an octagonal floor plan and the two adjacent ones have a rectangular arrangement. The stables were conceived as a unitary space with a rectangular layout covered with parabolic arches and covered vaults. Thanks to the use of trapezoidal openings, this area enjoys a generous amount of light, which is accentuated by the white color of the walls. Next to this nave is a small room with a quadrangular design and domed roof that is used as an exercise ring.

Gaudí used new architectural languages and discovered vaulted forms that, over time, became common features of his work

Between the caretaker's quarters and the stables is a large wrought iron door that features the sculpture of a dragon. The workshop Vallet i Piqué handcrafted the piece in 1885 from an imaginative design by Gaudí.

When it came to envisioning the entrance door for carriages, everything indicates that Gaudí found inspiration in Greek mythology, specifically in the legend of the "Garden of the Hesperides". This legend tells the story of three nymphs who were assigned custody of the gold apples. The garden in which they were growing was watched over by an inhospitable dragon.

Right: View into the office of the "Real Cátedra Gaudí" (the Royal Gaudí Chair of the Universitat Politècnica de Catalunya), which is housed in the former stables

Rechts: Blick in das Büro der »Real Cátedra Gaudí« (Königlicher Gaudí-Lehrstuhl der Universitat Politècnica de Catalunya), die in den ehemaligen Stallungen untergebracht ist

Eusebi Güell, einer der besten Freunde Gaudís und außerdem sein Hauptmäzen, beauftragte den Architekten im Jahre 1884 mit dem Bau eines Anwesens zwischen Les Corts und Sarrià. Heute sind sie als Stadtviertel der Stadt Barcelona zugeordnet, aber seinerzeit waren es noch Dörfer außerhalb des Stadtgebiets.

Im Rahmen der Bauarbeiten wurden einige bereits vorhandene Gebäude instand gesetzt, aber auch zusätzliche Elemente geschaffen, wie zum Beispiel eine Umfassungsmauer mit drei Toren, ein Pförtnerhaus, die Pferdeställe, ein Springbrunnen, ein Erker und die Kapelle der Residenz. Hinzu kamen verschiedene dekorative Gegenstände.

Das weitläufige Gelände bestand aus drei Grundstücken, nämlich Can Feliu und Torre Baldiró, die Güell 1870 erworben, und Can Cuyàs, das er 1883 gekauft hatte. Auf dem Letztgenannten errichtete der Architekt den Haupteingang, dem er auf Wunsch des Besitzers enorme Wichtigkeit zumaß. Er besteht aus zwei Eingangstoren, eines für Fußgänger, das andere für Kutschen. Auf beiden Seiten wurde je ein Pavillon errichtet. Im linken war die Wohnung des Pförtners untergebracht, im rechten befanden sich die Stallungen, die mit einem Raum verbunden sind, der als Reithalle diente.

Das Pförtnerhaus war als dreiteiliger Pavillon konzipiert: der Hauptteil mit achteckigem Grundriss und die beiden angrenzenden Räume jeweils mit rechteckigem Grundriss. Die Stallungen auf der anderen Seite wurden als einheitlicher Raum mit einem rechteckigen Grundriss, Parabolbögen und verputzten Gewölben gestaltet. Die trapezförmigen

Gaudí bediente sich neuer architektonischer Ausdrucksformen. Er entdeckte die geschwungene Form, die sich mit der Zeit zu einer Konstanten in seinen Werken entwickelte

Öffnungen lassen einen großzügigen Lichteinfall zu und erzeugen zusammen mit dem Weiß der Wände den Eindruck großer Helligkeit. Neben diesem Raum wurde ein kleiner viereckiger Raum erbaut, die mit einer Kuppel bedeckte Reithalle.

Zwischen dem Pförtnerhaus und den Ställen befindet sich das große schmiedeeiserne Tor mit der Skulptur eines Drachen – eine Arbeit aus der Werkstatt Vallet i Piqué, die 1885 nach einem Entwurf Gaudís gestaltet wurde. Anscheinend ließ sich der Architekt von der griechischen Mythologie inspirieren, von der Legende des Hesperidengartens. Diese erzählt die Geschichte von drei Nymphen, die den Auftrag hatten, auf die goldenen Äpfel aufzupassen in einem Garten, der von einem ungastlichen Drachen bewacht wurde. Neben diesem großen Tor befindet sich ein kleineres für Fußgänger. Ein mit Pflanzenmotiven bedeckter Parabolbogen gibt diesem Eingang seine Form.

Photographs of Finca Güell: Pere Planells   Fotos der Finca Güell: Pere Planells

The dome that tops the stables is perforated by numerous openings in the form of windows that achieve a homogeneous illumination in the interior. The dome's covering–colorful ceramic pieces–as well as the finishing touch–a small tower of Arabic inspiration–create a certain baroque feeling that contrasts with the striking red brick and stone forms.

In die Kuppel über den Stallungen sind zahlreiche Öffnungen in Form von Fenstern eingelassen, die eine gleichmäßige Beleuchtung des Innenraums ermöglichen. Die Verkleidung dieser Kuppel – bunte Keramikscherben – sowie ihr eigentümlicher Abschluss – ein arabisch anmutendes Türmchen – erwecken einen beinahe barocken Eindruck, der in einem auffallenden Gegensatz zu den klaren Formen des Bauwerks aus rötlichem Ziegel und Stein steht.

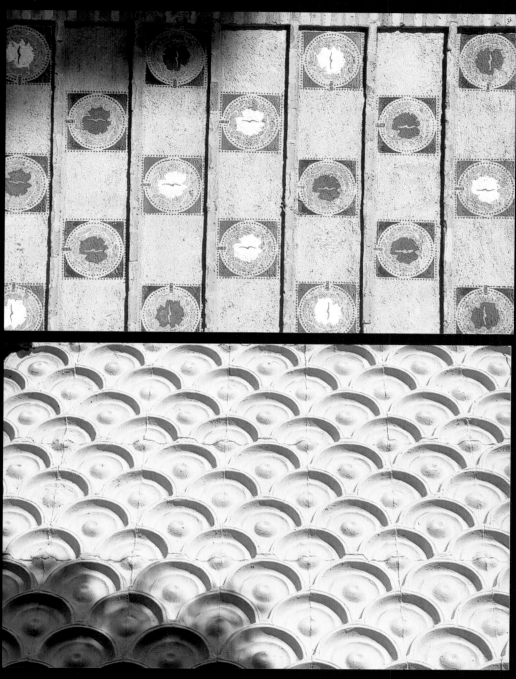

Gaudí unleashed his imagination and genius for the architectural and decorative resources used on the exterior and in the interior. Though the buildings have completely different styles, they are unified, in part, by the ornamental solution used to cover the façades of the stables and the caretaker's flat. Both are adorned with decorative motifs. The abstract elements that cover the exterior walls of these buildings contrast with the sobriety of the brick and give the composition a unique oriental style that is reminiscent of the traditional Arabic ornamentation used in Muslim constructions.

Um seine Ideen umsetzen und seinem Einfallsreichtum nachgehen zu können, bediente sich Gaudí zahlreicher architektonischer Mittel und dekorativer Elemente – sowohl innen als auch außen. Eine gewisse Einheitlichkeit in den stilistisch sehr unterschiedlichen Bauwerken erreicht er zum Teil durch eine verbindende Fassadendekoration. Die abstrakten halbkreisförmigen Elemente, die die Außenmauern dieser Gebäude bedecken, stehen in starkem Gegensatz zur Nüchternheit des Ziegelsteins und verleihen der Komposition einen einzigartigen orientalischen Stil, der an die traditionellen Arabesken muslimischer Bauwerke erinnert.

The old pavilion of the stables contains the installations of the Real Catédra Gaudí. The space features a rectangular floor plan covered with walled-up vaults and parabolic arches that are linked to another space, the old exercise ring, which has a square floor plan. The floor is made of brick and a wrought iron door that presides over the space is situated under a cross section, also of brick. The light tone of the walls, the flamboyant dome that crowns the roof, and the diverse openings in the walls illuminate the nave in a homogeneous and magnificent way.

Der alte Pavillon der Stallungen beherbergt zurzeit den Gaudí-Lehrstuhl. Sein Grundriss ist rechteckig, und er weist verputzte Gewölben und Parabolbögen auf. Er geht in einen weiteren Raum über – die ehemalige Reithalle mit quadratischem Grundriss. Der Boden besteht aus Ziegelstein, und das den Raum beherrschende schmiedeeiserne Tor befindet sich unter einem ebenfalls aus Ziegelstein gearbeiteten Profil. Die helle Farbe der Wände, die auffällige Kuppel, die das Dach krönt, sowie die verschiedenen Maueröffnungen erleuchten die Räume mit gleichmäßigen Lichteinfall.

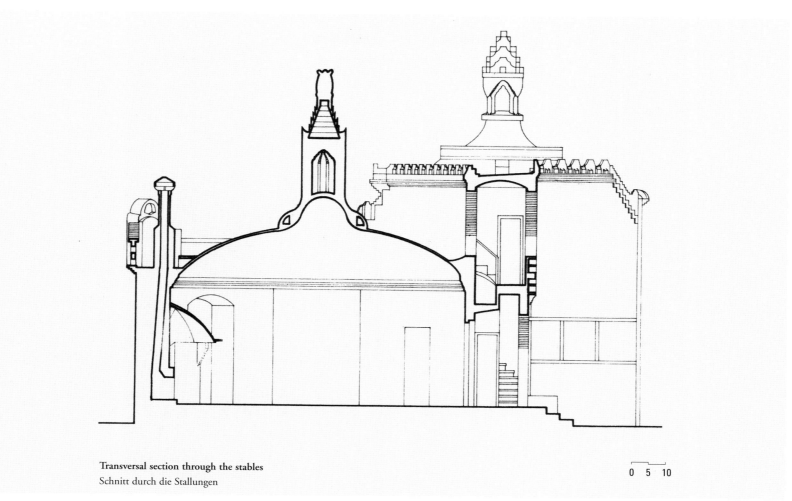

Transversal section through the stables
Schnitt durch die Stallungen

0 5 10

sagrada família

Plaça de la Sagrada Família, Barcelona

1883–1926

"The Temple of the Sagrada Família will not be the last cathedral constructed, but perhaps it will be the first of a new series"

»Die Sagrada Família ist sicherlich nicht die letzte Kathedrale, die gebaut werden wird, aber sie steht vielleicht am Anfang einer neuen Generation.«

Hours: November to February 9 a.m. to 6 p.m.;
March, September, October 9 a.m. to 7 p.m.;
May to August 9 a.m. to 8 p.m.
Entrance fee

Öffnungszeiten: November bis Februar 9–18 Uhr; März,
September,Oktober 9–19 Uhr; Mai bis August 9–20 Uhr
Eintritt kostenpflichtig

In 1887, the congregation of devotees of San José (Saint Joseph), led by the bookseller José Maria Bocabella, began the project of constructing a large temple financed with donations. The purpose of the church was to boost Catholicism in an era in which the Industrial Revolution and other social changes had led to dechristianization. The architect Francisco de Paula del Villar offered to draw up the plans for free. He designed a neo-gothic church: three naves with a crypt oriented according to the site's orthogonal axis.

The first stone was put in place on March 19, 1882, the festivity of Saint Joseph. Villar abandoned the directorship of the work one year later, after discrepancies with the committee over economic terms, since the project had already exceeded the provisions of the budget. Joan Martorell Montells, director of the committee, recommended that Gaudí, only 31 at the time, take charge of the construction. In 1884, Gaudí signed his first plans: the elevation and the section of the altar of the Chapel of Saint Joseph, which was inaugurated one year later.

Construction on the church has continued for more than 100 years and the end is still far off

Unlike Villar's neo-gothic project, Gaudí imagined a church with numerous technical inventions. Gothic cathedrals generally spread the building's weight to the buttresses that were exposed to the elements, making them deteriorate more easily. However, the Sagrada Família solved the problem of pressure by transmitting the loads to the columns.

The temple features a floor plan of the Latin cross placed on top of the initial crypt. Above it, the main altar was surrounded by seven domes dedicated to the pains and sins of Saint Joseph. The doors of the crossing are dedicated to Passion and the Birth, and the principal façade, which opens onto Mallorca Street, to Glory. The impressive façade of the Birth contains three doors dedicated to Faith, Hope, and Charity. The three doors present numerous sculptures that represent Biblical scenes and almost a hundred plant and animal species.

The façade of Passion was designed with hard, marked lines to signify the pain and sacrifice that Jesus endured at the end of his life. A large crucified Christ hangs over the central door, surrounded by people who witnessed his agony. The studies for this façade were completed in 1917, but construction did not begin until 1952.

© Pere Planells

Im Jahre 1877 begann die Gemeinschaft der Anhänger des heiligen Josef unter der Führung des Buchhändlers Josep Maria Bocabella, eines gebildeten und gläubigen Mannes, ihr Vorhaben, ein großes Gotteshaus zu bauen. Das projekt sollte durch Spenden finanziert werden, um den Katholizismus in einer Zeit zu fördern, in der die Entchristianisierung durch die industrielle Revolution und andere gesellschaftliche Veränderungen immer weiter um sich griffen. Der Architekt Francisco de Paula del Villar, der sich angeboten hatte, die Planzeichnungen kostenlos anzufertigen, entwarf eine Kirche im neugotischen Stil: drei Schiffe mit einer nach den orthogonalen Achsen des Grundstücks ausgerichteten Krypta.

Der Grundstein wurde am 19. März 1882, dem Tag des heiligen Josef, gelegt. Villar gab die Leitung der Bauarbeiten ein Jahr später nach Auseinandersetzungen finanzieller Art mit dem Ausschuss ab, da sein Projekt das vorgesehene Budget überschritt. Joan Martorell Montells, der Leiter des Ausschusses, empfahl den jungen Gaudí, der mit nur 31 Jahren die Leitung der Bauarbeiten übernahm. 1884 unterzeichnete er seine ersten Zeichnungen: den Aufriss und die Detailansicht für den Altar der Kapelle des heiligen Josef, die ein Jahr später eingeweiht wurde.

Die Arbeiten an der Kirche gehen seit mehr als hundert Jahren ununterbrochen weiter, und ihr Ende liegt noch in weiter Ferne

Im Unterschied zum neugotischen Entwurf von Villar stellte sich Gaudí eine Kirche mit zahlreichen technischen Neuerungen vor. Die gotischen Kathedralen verteilten das Gewicht auf die massiv der Witterung und Beschädigungen ausgesetzten Strebepfeiler. Bei der Sagrada Família hingegen wurde das Problem des Drucks durch Übertragung der Belastungen auf die Säulen gelöst.

Das Gotteshaus besteht aus einem Grundriss in Form eines lateinischen Kreuzes, das über die ursprüngliche Krypta gelegt ist. Auf ihr wird der Hochaltar von sieben Kapellen umgeben, die den Schmerzen und Sünden des heiligen Josef gewidmet sind. Die Tore des Kreuzschiffs wurden der Leidensgeschichte und der Geburt gewidmet und die Hauptfassade, die zur Calle Mallorca hin liegt, der Glorie. Die imposante Krippenfassade besteht aus drei Türen, die jeweils dem Glauben, der Hoffnung und der Liebe gewidmet sind. Die zahlreichen Skulpturen auf den drei Teilen stellen biblische Szenen dar, unter denen sich an die hundert Pflanzen und Tiere befinden.

Left: The tops of the towers are made of Murano glass.
Right: Interior view of the main façade

Links: Die Turmspitzen sind aus Murano-Glas gefertigt.
Rechts: Innenansicht der Hauptfassade

The groups of sculptures were designed by Gaudí and sculpted by well-known artists of the era. For example, Jaume Busquets carved the Bethlehem scene and Llorenç Matamala y Piñol created the work depicting the Innocent Saints. Gaudí created a device consisting of two hinged mirrors, which permitted him to see all various angles of the sculptures' models that he was designing. He also studied the human body and its movements with the help of skeletons with joints so that he could study the most appropriate positions.

Above each façade, Gaudí designed four towers, twelve in total, which represent the Apostles. Around the middle one dedicated to Jesus Christ, there are four more dedicated to the evangelists and one to the Virgin. The towers have a parabolic outline and feature helical staircases that leave a central hole in which Gaudí hung tubular bells that he designed over the course of four years. The acoustics are perfect, almost celestial.

The entire building is surrounded by cloisters used for processions that isolate the project from the noise of the city. Next to the sacristy is this presbytery and centered between them, exactly in the axis of the major altar, is the Chapel of the Assumption. Throughout the interior, there are ample galleries for singers with a capacity for several thousand voices. The architecture of Gaudí combines construction, liturgy, and music.

On June 12, 1926, Gaudí was run over by a tram. He died three days later in Hospital de la Santa Creu. He was buried in the crypt where he had spent the last years of his life. Since then, champions and critics of the temple have debated its completion. Yet the construction continues its course thanks to donations from around the world. The temple has become a place of pilgrimage for people—devotees or not—who want to admire in a single work all the constructional techniques that the architect used, invented, or improved over the course of his life.

Die Passionsfassade wurde mit harten Linien gestaltet, um den Schmerz und das Opfer am Lebensende Jesu besonders hervorzuheben. Ein großer gekreuzigter, von den während seines Todeskampfes Anwesenden umgebener Christus beherrscht das Haupttor. 1917 wurden die Studien für diese Fassade abgeschlossen, aber ihr Bau begann nicht vor dem Jahr 1952.

Die Skulpturengruppen wurden nach Entwürfen des Architekten von renommierten Handwerkern seiner Zeit modelliert, beispielsweise die Szenen in Bethlehem, die Jaume Busquets herstellte, oder die der Unschuldigen Kindlein von Llorenç Matamala y Piñol. Gaudí hatte sich eine Vorrichtung aus zwei von Scharnieren zusammengehaltenen Spiegeln gebaut, die es ihm ermöglichte, gleichzeitig verschiedene Winkel der Modelle für die Skulpturen zu sehen, die er gerade entwarf. Er studierte auch den menschlichen Körper und seine Bewegungen mit Hilfe von Skeletten, die er mit Gelenken versah, um die am besten geeigneten Körperhaltungen studieren zu können.

Über jeder Fassade waren vier Türme geplant – also zwölf insgesamt –, die die Apostel verkörpern. In ihrer Mitte sollte ein Turm stehen, der Jesus Christus symbolisiert, und um ihn herum vier weitere für die Evangelisten und einer für die heilige Jungfrau. Die Türme sind im Querschnitt parabolförmig und verfügen über Wendeltreppen. Der Zwischenraum ist frei. Gaudí wollte dort röhrenförmige Glocken anbringen, deren Klang er sorgfältig vier Jahre lang studierte.

Der gesamte Komplex ist von Kreuzgängen für Prozessionen umgeben, die ihn gegen den Lärm der Stadt abschotten. Neben die Sakristei wurde das Presbyterium gesetzt und genau zwischen sie auf der Achse des Hochaltars die Himmelfahrtskapelle. Im ganzen Innenraum wurden breite Galerien für Sänger mit einem Aufnahmevermögen für mehrere tausend Stimmen vorgesehen. Die Architektur Gaudís kombiniert hier Konstruktion, Liturgie und Musik.

Am 7. Juni 1926 wurde Gaudí von einer Straßenbahn angefahren und starb drei Tage darauf im Krankenhaus zum Heiligen Kreuz. Sein Leichnam wurde in der Krypta beigesetzt, wo er die letzten Jahre seines Lebens verbracht hatte. Seither haben die Befürworter und Gegner der Beendigung der Bauarbeiten zahlreiche Debatten heraufbeschworen, aber die Bauarbeiten werden dank der Spenden aus aller Welt immer weitergeführt. Die Kirche ist zu einer Pilgerstätte für all diejenigen geworden, die, Gläubige oder nicht, in einem einzigen Werk alle Techniken bewundern möchten, die der Architekt im Laufe seines gesamten Lebens benutzte, erfand und verbesserte.

The Birth-Façade is crowned by an image of a cypress tree with pigeons.
Den Abschluss der Geburts-Fassade bildet eine aus Stein nachgebildete Zypresse mit Tauben.

The four towers of the eastern façade, dedicated to Barnabas, Petrus, Judas Thaddeus and Matthew, show the inscription "Sanctus, Sanctus, Sanctus" (Holy, holy, holy). In the background the ornated tops of the Façade of Passion.

Entlang der vier Glockentürme an der Ostfassade zieht sich die Inschrift »Sanctus, Sanctus, Sanctus« (Heilig, heilig, heilig). Die Türme sind dem heiligen Barnabas, Petrus, Judas Thaddäus und Matthias gewidmet. Im Hintergrund sind die Spitzen der Passions-Fassade zu erkennen.

Study of the temple
Gesamtansicht der Kathedrale, Skizze

Perspective
Perspektivzeichnung

Section
Querschnitt des Innenraums

0   3   6

© Pere Planells

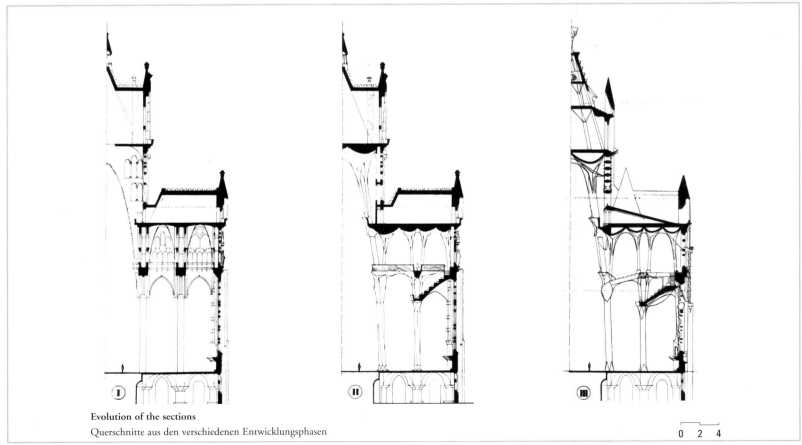

Evolution of the sections
Querschnitte aus den verschiedenen Entwicklungsphasen

0   2   4

The sculptures that the artist designed for the façades of the temple are based on life-size plaster, mock-ups that Gaudí modeled on people and live animals. A curious example is a Roman soldier from the slaughter of the Innocent Saints that he based on the waiter of a nearby tavern.

Die Skulpturen, die der Architekt für die Fassaden entwarf, wurden anhand von Gipsformen in naturgetreuem Maßstab hergestellt, die Gaudí am Beispiel lebendiger Menschen oder Tiere erarbeitete. Ein kurioses Beispiel hierfür ist das des römischen Soldaten bei der Enthauptung der unschuldigen Kinder, für den der Hilfskellner einer nahe gelegenen Taverne Modell stand.

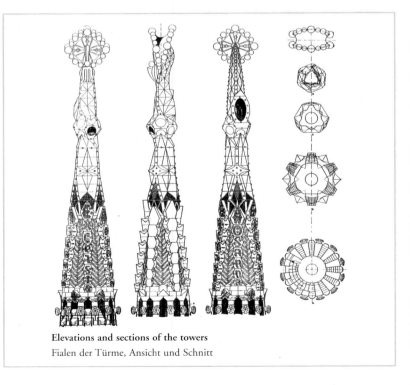

Elevations and sections of the towers
Fialen der Türme, Ansicht und Schnitt

Since it is difficult to replace the pieces that cover the spires of the towers, Gaudí commissioned workers of Murano, in Venice, to create vitreous pieces of mosaic, which are much more resistant. This is one example of the innumerable collaborations of artisans. Gaudí also enlisted the skills of numerous sculptors, including Joan Matamala i Flotats, Llorenç Matamala i Piñol, and Jaume Busquets.

Da es ungeheuer schwierig ist, die Turmspitzen zu ersetzen, bediente sich Gaudí wesentlich widerstandsfähigerer Materialien. Um die Spitzen der Türme abzudecken, gab er Elemente aus Glaskeramik bei Arbeitern aus Murano bei Venedig in Auftrag. Dies war einer der zahllosen Beiträge von Handwerkern. Geschätzte Mitarbeiter Gaudís waren auch zahlreiche Bildhauer, unter denen besonders Joan Matamala i Flotats, Llorenç Matamala i Piñol oder Jaume Busquets hervorzuheben sind.

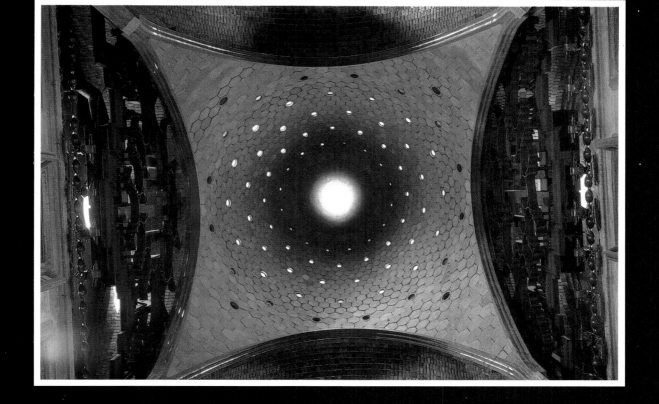

ρɑlɑu ɢüell

Nou de la Rambla, 3–5, Barcelona
1886–1888

*Gaudí found inspiration for the unique dome, which is designed like a starry sky
inside the palace, at the Dome of Saint Sophia in Istanbul.
The dome dominates the space and bathes the large central room in light.*

*Es war die Hagia Sofia in Istanbul, von der sich Gaudí beim Entwurf
der fantastischen Kuppel inspirieren ließ. Die runden Löcher in der Kuppel sollen den
Sternenhimmel darstellen; sie tauchen die Halle in ein einzigartiges Licht.*

Hours: 10 a.m. to 1:30 p.m. and 4 p.m. to 6:30 p.m.
Monday to Friday
Entrance fee

Öffnungszeiten: Montag bis Freitag 10–13.30 Uhr und
16–18.30 Uhr
Eintritt kostenpflichtig

Declared a World Heritage building by UNESCO, Palau Güell—another assignment that Eusebi Güell awarded to his protégé—is the building that permitted Gaudí to abandon anonymity. The architect designed this residence without fear and without budgetary constraints. For its construction, he used the best stones, the best ironwork, and the best cabinetry, making this house the most expensive building of its time.

The peculiar location of this urban palace, on a tight and narrow street in Barcelona's old quarter, makes it impossible to view the construction as a whole from the exterior. Neither the conditions nor the location of the site were optimal. Nevertheless, Güell decided to construct his residence on this street for two reasons: to make use of his family properties and to try to change the neighbourhood's unfavorable image. A 34-year-old Gaudí had already developed his own architectural language when he constructed the building, whose style is difficult to classify. Palau Güell features orientalism, an Italian aesthetic, as well as French airs from the historical, architectural beginnings of Viollet-le-Duc.

The sober and austere stone façade does little to warn the visitor of the majestic and opulent interior in which Gaudí displayed an unprecedented luxury. More than 25 designs preceded the definitive façade, which features forceful, historical lines and a subtle classicism, a characteristic

Gaudí created a building that aroused astonishment and even rejection for its new constructional solutions

that is not usually associated with the architect. In some ways, the façade is reminiscent of traditional Venetian palaces. Two largedoors in the form of parabolic arches perforate the front and provide access for both carriages and pedestrians. The palace includes a basement, four floors, and a terrace roof. To reach the cellars, where there is a stable for horses and a room for grooming and equipment, Gaudí created two ramps. The one for service has a helical form, the one for horses has a softer configuration.

The first floor is located at street level and the principal staircase that presides over the entrance is located between two hallways. To the sides of the staircase—flanked by the concierge quarters and the service stairway—is the mezzanine. Gaudí installed different rooms in this zone, including an office, archives, and a wait-

Photographs of Palau Güell: Pere Planells   Fotos vom Palau Güell: Pere Planells

Von der UNESCO 1984 zum Weltkulturerbe erklärt, war der Palau Güell – der erste Profanbau, der diese Auszeichnung erhielt – ein weiterer Auftrag von Eusebi Güell für seinen Schützling. Er ist das Gebäude, das es Gaudí gestattete, aus der Anonymität herauszutreten. Der Architekt entwarf diese Residenz, ohne Mittel zu scheuen – mit unbegrenztem Budget. Beim Bau wurden die besten Steine, das beste Schmiedeeisen und die beste Tischlerei eingesetzt, weshalb es zum teuersten Gebäude jener Zeit wurde.

Die besondere Lage dieses Stadtpalais in einer engen Straße der historischen Altstadt Barcelonas lässt es nicht zu, das Bauwerk von außen als Ganzes zu betrachten.

Der Zustand des Grundstückes und das Gebiet, in dem es liegt, seinerzeit eines der schlecht angesehensten der Stadt, gaben keinen Anlass zu größeren Hoffnungen. Güell jedoch beschloss, seinen Wohnsitz

Ein unbegrenztes Budget und verschwenderischer Einfallsreichtum ließen ein Gebäude entstehen, das aufgrund seiner neuartigen Konstruktionslösungen gleichermaßen Erstaunen wie Ablehnung hervorrief

dort einzurichten, und zwar mit zwei Absichten: den Familienbesitz nicht aufzugeben und den schlechten Ruf der Gegend zu verbessern.

Gaudí war 34 Jahre alt und besaß bereits seine eigene architektonische Sprache, als er dieses Haus in einem schwierig einzuordnenden Stil baute. Es bewegt sich zwischen den französisierenden Anklängen der historistischen Anfänge von Viollet-le-Duc, den Orientalismen der Zeit und einer italianisierenden Ästhetik.

Die nüchterne und strenge Fassade aus Steinblöcken, die den Besucher empfängt, lässt kaum den majestätischen Überfluss erahnen, der im Inneren herrscht, das Gaudí mit unerhörtem Luxus ausstattete.

Der endgültigen Fassade gingen 25 Vorentwürfe voran, und sie wurde mit ausdrucksstarken, historistischen Linien und subtilen klassischen Anklängen verwirklicht – ein Zug, der normalerweise nicht mit dem Architekten in Verbindung gebracht wird –, die gelegentlich an die traditionellen venezianischen Paläste erinnern. Diese Fassade wird von zwei großen Toren in Form von Parabolbögen durchbrochen, die Kutschen und Fußgängern Zugang zu dem Gebäude gewähren, das über einen Keller, vier Stockwerke und eine Dachterrasse verfügt.

Left: Wrought-iron eagle with a stylized coat of arms on the façade
Right: View into one of the numerous reception rooms

Links: Schmiedeiserner Adler mit stilisiertem Wappen an der Fassade
Rechts: Blick in einen der zahlreichen Empfangs- und Warteräume

ing room. From this landing another staircase leads to the noble floor on which there is an anteroom, a visiting room, a boudoir, and a corridor which leads to the hall in which Güell celebrated meetings, concerts, and parties. This floor also contains the dining room, the private meeting room, a billiards room, and a small chapel-oratory. Next to the living room are the bedrooms, bathrooms, and boudoirs. The attic, situated on the top floor, is reserved for the servants's rooms, the kitchen, and the laundry room. The terrace roof is reached across a service stairway and is dotted with decorated chimneys that serve as ventilation and smoke exits.

Palau Güell's defining characteristics are its structural experimentation, the spatial organization, as well as the layout of the reception and private areas, which reflects the social rituals that the bourgeoisie developed during the era. For most of the architect's contemporaries, the building must have been unusual since the architectural and decorative solutions were highly innovative for the times. The palace combines modernity, imagination, ingenuity, and practicality. Even today, Gaudí's daring techniques continue to surprise visitors.

For many years, the palace was a social, political, and cultural center. During the Civil War (1936–39), anarchists confiscated the residence and used it as a house for troops, with a prison center in the cellars. In 1945, the Diputación acquired the building from Mercé Güell, the daughter of Eusebi Güell and the owner of the building after her father's death. According to the sale agreement, the building had to be used for artistic and cultural purposes and remain a tribute to its creator. The year the Diputación acquired the palace, it was restored for the first time to repair the damage caused by the war and the passage of time. In 1971, the roof garden was reformed, as well as much of the woodwork, ironwork, and cabinetwork. Today, Palau Güell marks the beginning of the modernist route.

Für den Zugang zu den Kellerräumen, in denen sich ein Pferdestall und die Zimmer für den Pferdeknecht und den Aufseher befanden, schuf Gaudí zwei Rampen, eine ausgeprägte in Wendelform für die Dienstleute und eine sanftere für die Pferde. Das Untergeschoss befindet sich auf Höhe der Straße und der den Eingang beherrschende Haupttreppenaufgang zwischen zwei Vestibülen. Zu beiden Seiten dieser Treppe, die von der Pförtnerswohnung und der Dienstbotentreppe flankiert wird, breitet sich das Hochparterre aus. Hier wurden mehrere Zimmer wie ein Büro, das Archiv oder der Warteraum untergebracht. Von hier aus führt eine weitere Treppe nach oben, die in die Beletage mündet. Hier befinden sich ein Vorzimmer, ein Besucherzimmer, ein Toilettenraum und ein Durchgangszimmer, das zu der Halle führt, die Güell für Besprechungen, Konzerte und Feste diente. In der Beletage befanden sich außerdem das Esszimmer, der Vertrauensraum, ein Billardtisch und eine kleine Kapelle mit Gebetsraum. Im Anschluss an den Salon und über der Beletage befinden sich die Schlafzimmer, Bäder und Toilettenräume. Das über dem letzten Stockwerk gelegene Dachgeschoss war den Zimmern des Dienstpersonals, der Küche und dem Waschraum vorbehalten. Über eine Dienstbotentreppe gelangte man nach oben auf die Dachterrasse. Dort stehen zahlreiche verschiedenförmige Schornsteine, die zur Belüftung und als Dunstabzug dienten.

Das Experimentieren mit den baulichen Strukturen, der räumlichen Anordnung sowie der Lage der privaten Empfangsräumlichkeiten, die den gesellschaftlichen Aktivitäten des damaligen Bürgertums Rechnung tragen, bestimmten dieses einzigartige Gebäude, das für die Mehrheit der Zeitgenossen des Architekten ungewöhnlich gewesen sein dürfte, da die sowohl funktionell als auch dekorativ eingesetzten Lösungen zu ausgefallen für die Zeit waren. Die verwendeten Mittel vereinten zu gleichen Teilen Modernität, Einfalls- und Erfindungsreichtum sowie praktisches Bewusstsein – eine Lektion in Wagemut, die auch heute noch die Besucher überrascht, die ihren Weg bis zum Palast finden.

Der Palast war einige Jahre ein gesellschaftliches, politisches und kulturelles Zentrum. Während des Bürgerkriegs (1936–39) wurde er von den Anarchisten beschlagnahmt und als Kaserne für die Truppen benutzt; im Keller wurde ein Gefängnis eingerichtet. 1945 erwarb die Provinzialverwaltung das Gebäude von Mercé Güell, der Tochter Eusebi Güells, unter der Bedingung, dass es niemals abgerissen oder umgestaltet, einem künstlerischen oder kulturellen Zweck zugeführt und das Gedenken an seinen Erbauer aufrechterhalten werde. Im Jahre seines Verkaufs wurden zunächst die Kriegsschäden repariert, 1971 erfolgte eine Renovierung der Dachterrasse und der Tischler-, Schmiede- und Schreinerarbeiten. Zurzeit ist der Palau Güell der Ausgangspunkt der Ruta del Modernismo.

Gaudí had little respect for proportion and constantly played with optical illusions and architectural solutions that tricked the visitor into believing that a space was larger than it actually was. An example of this is the impressive 56-foot-high central hall, elevated with mastery from the ground floor all the way up to the building's top floor.

Gaudí hielt sich nicht an die Proportionen und spielte ständig mit optischen Täuschungen und architektonischen Lösungen, die den Besucher in die Irre führen und ihn glauben machen, dass er sich in einem Raum mit wesentlich großzügigeren Ausmaßen befände, als diese tatsächlich sind. Ein Beispiel hierfür sind die beeindruckenden 17 Meter Höhe der zentralen Halle, ein Raum, der sich vom Erdgeschoss hinauf bis zum obersten Stockwerk des Gebäudes erhebt.

Floor plans
Grundrisse

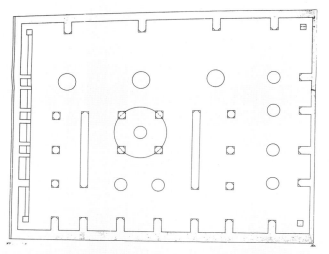

Basement
Untergeschoss

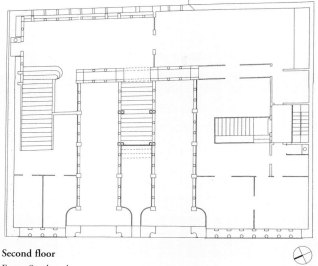

Second floor
Erstes Stockwerk

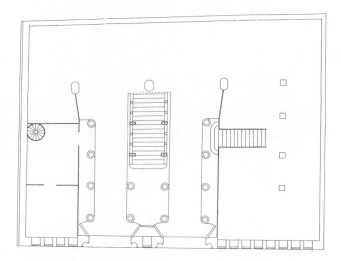

Ground floor
Erdgeschoss

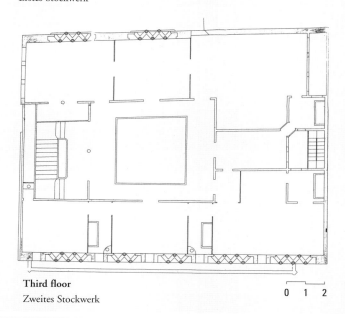

Third floor
Zweites Stockwerk

0 1 2

The terrace roof is a distinctive element of Güell Palace and would later have an even more important role in the Pedrera. Using his imagination, Gaudí drew an imaginative rooftop with impossible forms. The volumes have a decorative and sculptural power, as well as a practical function, since they serve as chimneys and ventilation ducts for the building. In order to dress up these functional elements, Gaudí used brick for the chimneys and ventilation ducts connected to the service space and kitchen. To cover volumes coming from the areas used by the Güell family and their guests, Gaudí used "trencadís" (pieces of multi-colored tile).

Im Palau Güell wird die Dachterrasse zu einem charakteristischen Merkmal, wie auch später bei der Pedrera. Gaudí schafft es dank seiner Vorstellungskraft, einen märchenhaften Raum voll fantasievoller Figuren und Formen zu zeichnen. Trotz ihres dekorativen Charakters besitzen diese Elemente praktische Funktionen, da sich darunter die Schornsteine und Belüftungsrohre des Gebäudes verbergen. Bei der Verkleidung benutzte Gaudí Ziegelsteine für die Kamine oder Belüftungsschächte aus den Räumen der Bediensteten oder der Küchen und andererseits »trencadís« (farbige Keramiksteine) zur Auskleidung jener Schächte, die zu den herrschaftlichen Gemächern und den von der Familie Güell und ihren Gästen bewohnten Räumen führen.

palacio episcopal

Plaza Eduardo de Castro, 24, Astorga, León
1889–1893

"In modern architecture, the gothic style must be a starting point but never the ending point."

»In der modernen Architektur sollte die Gotik zwar einen Ausgangspunkt bilden, aber niemals den Endpunkt.«

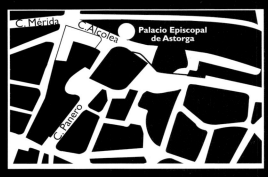

Hours: 10 a.m. to 2 p.m. and 4 p.m. to 8 p.m. Monday to Friday
Entrance fee

Öffnungszeiten: Montag bis Freitag 10–14 Uhr und 16–20 Uhr
Eintritt kostenpflichtig

After a devastating fire completely destroyed the Episcopal Palace of Astorga, Bishop Juan Bautista Grau i Vallespinós commissioned Gaudí to create a new Episcopal seat right next to the cathedral, above the wall. The relationship between the bishop and the architect was formed years earlier, when Grau was general vicar of the Archdiocese of Tarragona. The bishop inaugurated the chapel of the College of Jesus and Mary in Reus, where Gaudí had designed the alabaster altar and where his ill niece, Rosita Egea, was hospitalized. During the construction of the Astorga palace, the two men had long conversations about liturgical reforms. Gaudí later based his designs for the Sagrada Família and for the reform of the Cathedral of Palma on these ideas.

At the beginning of the project, Gaudí was immersed in the construction of Güell Palace and in the plans for the Sagrada Família. He therefore asked the bishop to send him photographs, drawings, and information about the setting so that he could design a building in harmony with the surrounding architecture.

Gaudí completed the liturgical restoration in this large building made of granite from Bierzo

The first proposals that Gaudí sent delighted Grau, but they did not convince the architecture section of the Academy of San Fernando in Madrid, which oversaw all ecclesiastical projects. After various modifications, the committee approved Gaudí's project, even though there was still a heated debate over his design. After Grau's death, Gaudí abandoned the Astorga project. Following the theories of Viollet-le-Duc, Gaudí constructed a building reminiscent of a medieval fortification, with numerous gothic details.

The building was surrounded by a moat to facilitate ventilation and illuminate the basement. The ground floor contains the kitchen, the secretary's office, the conference room, and the office of the court. The first floor accommodates the library, the bishop's office, the chapel, and the guest rooms. The rest of the bedrooms are located on the upper levels.

For the entrance, Gaudí envisioned a large foyer that would rise up to the roof. Skylights would distribute light to all of the floors. However, the architect who succeeded Gaudí, Ricardo García Guereta, disregarded this solution and constructed a totally blind roof, which hindered light from shining throughout the building. On the façades, Gaudí used granite from Bierzo. Its light color has a symbolic function because it blends with the clergy's clothing. The nerves of the pointed arches on the façade are decorated with glazed ceramic pieces made in the neighbouring village, Jiménez de Jamuz.

Photograph of Palacio Episcopal: Roger Casas   Fotos des Palacio Episcopal: Roger Casas

84

Nachdem ein verheerender Brand den Bischofspalast von Astorga vollkommen zerstört hatte, gab der Bischof Juan Bautista Grau i Vallespinós Antoni Gaudí den Auftrag zum Entwurf eines neuen Bischofssitzes unmittelbar neben der Kathedrale. Die Beziehung zwischen den beiden Persönlichkeiten reicht Jahre zurück, als Grau als Generalvikar der Erzdiözese von Tarragona die Kapelle des Jesus-und-María-Kollegs in Reus eingeweiht hatte. Gaudí, dessen Nichte Rosita Egea dort im Internat lebte, hatte den Alabasteraltar entworfen. Während der Jahre, die Gaudí an dem Palast arbeitete, führten die beiden lange Gespräche über liturgische Reformen, die sie für notwendig hielten und auf die sich Gaudí beim Entwurf für die Sagrada Família oder die Restaurierung der Kathedrale von Palma stützte.

Da er vollauf mit den Bauarbeiten für den Palau Güell und den Zeichnungen für die Sagrada Família beschäftigt war, bat Gaudí darum, ihm doch Fotos, Zeichnungen und diverse Informationen über die Umgebung des Grundstücks zu schicken, um so ein Gebäude entwerfen zu können, das im Einklang mit den umliegenden architektonischen Gegebenheiten stünde. Die ersten von Gaudí geschickten Vorschläge entzückten zwar Grau, überzeugten aber nicht die Architekturabteilung der

Gaudí materialisierte die Reform der Liturgie in diesem großen Bauwerk aus Bierzo-Granit

Akademie San Fernando in Madrid, die sämtliche kirchlichen Bauarbeiten überwachte. Nach mehreren Änderungen wurde das Projekt schließlich angenommen, aber die Meinungsverschiedenheiten hielten an, und nach dem Tode Graus gab Gaudí die Arbeiten endgültig auf.

Den Theorien Viollet-le-Ducs folgend wurde ein Gebäude errichtet, das mit zahlreichen gotisch anmutenden Details an mittelalterliche Festungen erinnert. Das Bauwerk wurde von einem Graben umgeben, um die Belüftung und Beleuchtung des Untergeschosses zu ermöglichen. Im Erdgeschoss befanden sich die Küche, das Sekretariat, der Konferenzsaal und der Gerichtssaal, während im ersten Stock die Bibliothek, das Büro des Bischofs, die Kapelle sowie die Gästezimmer untergebracht waren. Weitere Schlafräume befanden sich in den oberen Stockwerken. Für den Eingang sah Gaudí eine große Empfangshalle vor, die bis zum Dach reichen und über einige Lichthöfe sämtliche Stockwerke erhellen sollte. Der Nachfolger Gaudís bei den Bauarbeiten, Ricardo García Guereta, verwirklichte diese Lösung nicht und errichtete ein vollkommen blindes Dach, was sich ausgesprochen nachteilig auf die Lichtverhältnisse im gesamten Gebäude auswirkte.

Für die Fassaden wurde Bierzo-Granit verwendet, dessen helle Farbe eine symbolische Funktion erfüllt, da sie den Gewändern der Geistlichen ähnelt. Die Streben der Spitzbögen wurden mit im Nachbardorf Jiménez de Jamuz hergestellten Glaskeramiksteinchen verziert.

Gaudí carefully studied local monuments before beginning the project. Since the palace is located between the Roman wall and the gothic-renaissance cathedral, one of the architect's main objectives was to respect the surroundings.

Bevor er das Projekt ausbeitete, studierte Gaudí mit großer Sorgfalt die in der Nachbarschaft vorhandenen Bauwerke. Der Palast befindet sich zwischen der römischen Stadtmauer und der Kathedrale, die im Stil der Gotik und der Renaissance errichtet ist. Deshalb ist der Respekt vor der Umgebung eines der Hauptanliegen des Architekten.

As with the Crypt of the Sagrada Família, the architect surrounded the palace with a moat that provides ventilation for the basement spaces. This mechanism gives the property a feeling of strength. The portico of the main door has three large, trumpeted arches that were planned once construction had begun as they do not appear in the initial drawings. The angel bearer of the support is made of zinc and was manufactured by the Asturian Royal Company of Minas.

Auf der vorhergehenden Seite ist der Portikus des Haupttores mit drei großen trompetenförmigen Bögen zu sehen, die der Architekt wohl nach einem Besuch auf der Baustelle entwarf, da sie nicht Bestandteil der Zeichnungen sind. Ebenso wie die Krypta der Sagrada Família umgab er den Palast mit einem Graben, der die Belüftung der Räume des Untergeschosses ermöglichte. Dadurch erscheint das Gesamtwerk wie eine Festung.

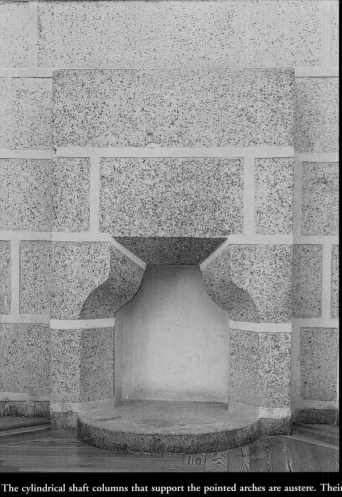

The cylindrical shaft columns that support the pointed arches are austere. Their capitals are adorned with subtle floral motifs and their bases are made of simple geometric forms that combine hexagons, small circles, and flat polyhedrons.

Die Säulen mit zylinderförmigem Schaft, welche die Spitzbögen tragen, sind streng, ihre Kapitelle sind mit Blumenmotiven verziert. Die Sockel bestehen aus einfachen, miteinander kombinierten geometrischen Formen: Sechsecke, kleine Kreise und flache Vielecke.

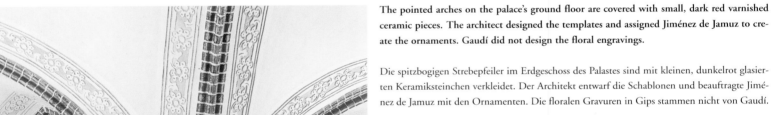

The pointed arches on the palace's ground floor are covered with small, dark red varnished ceramic pieces. The architect designed the templates and assigned Jiménez de Jamuz to create the ornaments. Gaudí did not design the floral engravings.

Die spitzbogigen Strebepfeiler im Erdgeschoss des Palastes sind mit kleinen, dunkelrot glasierten Keramiksteinchen verkleidet. Der Architekt entwarf die Schablonen und beauftragte Jiménez de Jamuz mit den Ornamenten. Die floralen Gravuren in Gips stammen nicht von Gaudí.

Gaudí's work on the Cathedral of Palma de Mallorca and the Sagrada Família were based on the architect's long conversations with his friend, the Bishop of Astorga.

Gaudís Arbeiten an der Kathedrale von Palma de Mallorca und der Sagrada Família gehen auf lange Gespräche mit dem Bischof von Astorga zurück, mit dem er eng befreundet war.

© Luis Guelburt

colegio de las teresianas

Ganduxer, 85, Barcelona
1888–1889

*"The more time we spent reflecting on new forms of architecture, the more certainty
we had for the need to use them"*

*»Je länger wir über die neuen architektonischen Formen nachdachten,
desto sicherer waren wir, diese verwenden zu müssen.«*

Closed to the public
Das Innere kann nicht besichtigt werden

Several conditions strongly influenced the design of this Theresian school located in the Sant Gervasi neighborhood of Barcelona. For one, this Carmelite community follows the rule of poverty. The building is also dedicated to the founder of the order, Saint Theresa, and adheres to a philosophy of life in agreement with the postulates of the Middle Ages.

Another architect oversaw the initial works of the site, including the beginning of the construction of a complex with three buildings. When Gaudí took over in March 1889, the first and second floors of the building had already been determined.

Gaudí stayed within the budget for the project, which was limited in comparison to the funds he had for other commissions. He also followed the guidelines put in place by the previous architect, which meant that certain stretches could not be modified. His design respected the austerity, asceticism, and sobriety that this ecclesiastical order required. Without abandoning his original and imaginative style, Gaudí exercised restraint and designed a building with striking yet contained elements. Though moderation is absent in his previous works, here it plays the starring role, at least in the forms, since—deep down—the building is full of symbolic elements.

For the exterior façade of this religious fortress designated to the education of girls and the formation of religious people, Gaudí

Inspired by the symbolism of the seven levels of the ascension of Saint Theresa of Jesus, Gaudí designed this construction whose forceful and pointed profile stands out from the surrounding buildings

designed a rigorous volume of stone and brick which includes some ceramic ornamental elements. The rectitude and rigidity of the façade is broken by pointed arches of different sizes that cover the upper floor, as well as a projecting gallery. The building is rectangular and elongated, and a grand longitudinal axis organizes the interior space. The floor plan is divided into three parallel bands.

In the ground floor two large interior patios distribute the natural light. Gaudí substituted the heavy transversal support walls, using parabolic arches with symmetrical hallways. This constructional solution eliminated the wall as a supporting element and created a dynamic composition. The arches, painted white to accentuate luminosity, are separated by windows that open onto the interior patios. The result is a tranquil atmosphere bathed in a soft, indirect light.

During the Civil War, the building suffered from various attacks, lootings, and fires that destroyed some elements and decorative details that have never been replaced. In 1969, the building was declared an Historical-Artistic Monument of National Interest.

Einige Vorbedingungen prägten den Entwurf für das theresianische Kolleg, das sich in Barcelona im Stadtviertel Sant Gervasi befindet: das Armutsgelübde dieser Karmelitergemeinschaft etwa oder die Tatsache, dass das Gebäude der Ordensgründerin, der Heiligen Theresa, gewidmet werden sollte, die eine Lebensphilosophie in Übereinstimmung mit den mittelalterlichen Forderungen vertrat.

Gaudí leitete den Bau dieses ursprünglich aus drei Gebäuden bestehenden Komplexes nicht von Anfang an, sondern übernahm erst im März 1889 die Leitung des Projektes. Das hatte zur Folge, dass der Grundriss bereits entschieden war und er das erste Stockwerk schon vollendet vorfand.

Gaudí richtete sein Konzept nach dem Budget aus, das im Vergleich zu seinen anderen Aufträgen eher spärlich war. Er arbeitete nach den Vorgaben seines Vorgängers und richtete seinen Entwurf nach den Anforungen des Ordens aus, die Strenge und Schlichtheit vorsahen. Ohne seinen charakteristischen Stil aufzugeben, übte sich Gaudí in Zurückhaltung und entwarf ein Gebäude mit zwar kräftigen, aber gleichzeitig zurückhaltenden Linien. Der maßvolle Umgang mit Materialien und Formen, auf den Gaudí in seinen vorangegangenen Arbeiten keine Rücksicht nehmen musste, stand hier im Vordergrund.

Beim Bau der Schule der Karmelitergemeinschaft ließ sich Gaudí von der Himmelfahrt der Heiligen Theresa anregen. Das ausdrucksstarke Bauwerk hebt sich deutlich von den angrenzenden Gebäuden ab.

Gaudí wählte für die Außenfassade des Gebäudes, das der Erziehung junger Mädchen und der Ausbildung von Nonnen diente, einen Ziegelsteinbau mit nur wenigen dekorativen Keramikelementen. Die Geradlinigkeit und die Strenge des Bauwerks werden durch unterschiedlich große Spitzbögen im oberen Geschoss der Fassade sowie durch einen sich über alle Stockwerke erstreckenden Erker gebrochen. Der Grundriss sieht eine rechteckige Anlage vor, die von einer langen Achse im Innenraum geprägt wird und in drei parallel dazu verlaufende Abschnitte eingeteilt ist.

In der Mitte des Erdgeschosses befinden sich zwei große Innenhöfe, die der Verteilung des natürlichen Lichtes dienen. Die massiven tragenden Mauern, die Gaudí vorfand, ersetzte er durch Parabolbögen, die symmetrische Flure bilden. Durch diese bauliche Lösung entfällt einerseits die durchgehende Wand als tragendes Element, andererseits wird dem Ganzen eine starke Dynamik verliehen, da die Längsausrichtung des Gebäudes unterstrichen wird. Zwischen den einzelnen Bögen zeigen Fenster auf den jeweiligen Innenhof; weißer Putz unterstreicht die Helligkeit dieser Flure. Das Ergebnis ist eine ruhige, von sanftem indirekten Licht getragene Atmosphäre.

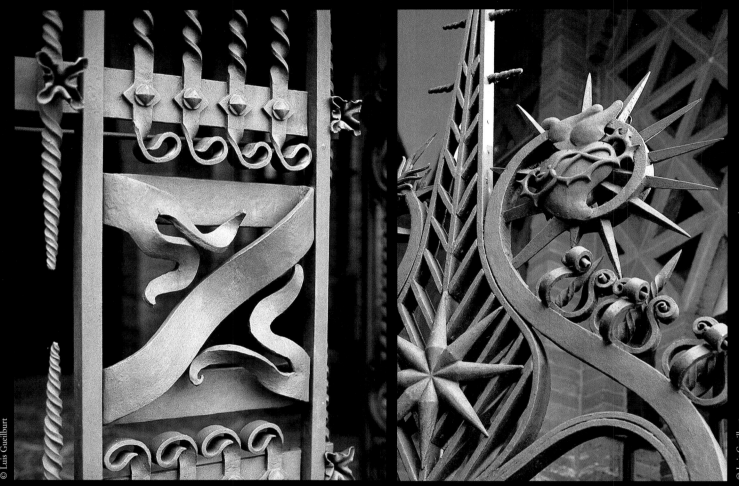

The conception of this work, like many before it, is enormously organic and shows a clear gothic inspiration. This is demonstrated by the wrought iron work of the entrance door, which is repeated in some windows on the ground floor and on the third floor, as well as on the blinds and in the interior of the construction.

Das Konzept des Colegio de las teresianas ist ebenso wie das vieler seiner anderen Gebäude von der Gotik inspiriert. Die schmiedeeiserne Arbeit der Eingangstür, die sich in einigen Fenstern des Erdgeschosses und der dritten Etage sowie an den Rollläden und im Inneren des Baus wiederholt, ist hierfür ebenso ein Beweis wie die Spitzbögen der Durchgänge und Fenster.

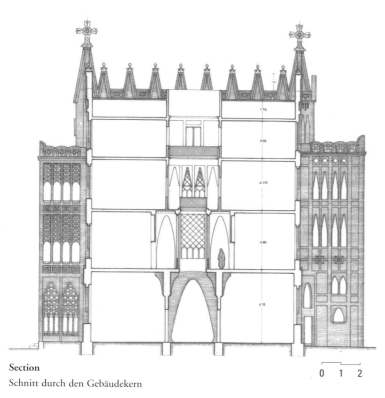

Section

Schnitt durch den Gebäudekern

0　1　2

Supporting arch in the ground floor and parabolic arches of the cloister

Stützbogen im Erdgeschoss und Parabolbögen des Kreuzgangs

97

casa de los botines

Plaza de San Marcelo, León
1892–1893

It was a challenge for Gaudí to create a neo-gothic work in the center of León, near the splendid cathedral. His project surpassed all expectations and respected the environment.

Die Errichtung eines neugotischen Bauwerks im Zentrum von León in der Nähe der beeindruckenden Kathedrale stellte eine große Herausforderung dar. Gaudí übertraf alle Erwartungen, indem er ein Gebäude entwarf, das sich perfekt den Gegebenheiten seiner Umgebung anpasste.

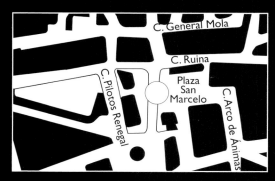

Closed to the public
Das Innere kann nicht besichtigt werden

While Gaudí was finishing the construction of the Palacio Episcopal de Astorga, his friend and patron, Eusebi Güell recommended him to build a house in the center of León. Simón Fernández and Mariano Andrés, the owners of a company that bought fabrics from Güell, commissioned Gaudí to build a residential building with a warehouse. The nickname of the house comes from the last name of the company's former owner, Joan Homs i Botinàs.

With Casa de los Botines, the architect wanted to pay tribute to León's emblematic buildings. Therefore, he designed a building with a medieval air and numerous neo-gothic characteristics. The building consists of four floors, a basement, and an attic. Gaudí chose an inclined roof and placed towers in the corners to reinforce the project's neo-gothic feel. To ventilate and illuminate the basement, he created a moat around two of the façades, a strategy he would repeat in the Sagrada Família.

Gaudí placed the owners' dwellings on the first floor. These are accessed, respectively, by independent doors in the lateral and back façades. The upper floors house rental property and the lower floor contains the company offices. The principal door is crowned by a wrought iron inscription with the name of the company and a great sculpture by San Jorge. During the restoration of the building in 1950, workers discovered a lead tube under the sculpture containing the original plans signed by Gaudí and press clippings from the era.

Casa de los Botines is the only project that Gaudí actually finished

The foundations of Casa de los Botines were a subject of debate during the building's construction. Gaudí had envisioned a continuous base, like that of the city's cathedral. However, local technicians insisted on constructing on pilotis to make the floor, located at a great depth, more resistant. Despite rumors that the building would collapse during construction, the house has never had structural problems. On the ground floor, the architect used—for the first time—a system of cast-iron pillars that leave the space free, without the need for the load-bearing walls to distribute it. Unlike Gaudí's previous projects, the façades of Casa de los Botines have a structural function.

On the inclined roof, six skylights supported by iron tie-beams illuminate and ventilate the attic. The ensemble is supported on a complex wooden framework. In 1929, the savings bank of León bought the building and adapted it to its needs, without altering Gaudí's original project.

Photographs of Casa de los Botines: Roger Casas   Fotos der Casa Botines: Roger Casas

Während Gaudí noch damit beschäftigt war, die Arbeiten am Bischofspalast von Astorga zu beenden, empfahl ihn sein Freund und Mäzen Eusebi Güell für ein Projekt im Zentrum von León. Simón Fernández und Mariano Andrés, Besitzer eines Unternehmens, das bei Eusebi Güell Stoffe kaufte, beauftragten Gaudí mit dem Bau eines Wohnhauses mit angeschlossenem Lager. Der Architekt wollte sich an die charakteristischen Bauwerke Leóns anlehnen und entwarf ein Gebäude mit mittelalterlichen Reminiszenzen und zahlreichen neugotischen Stilmitteln, das aus vier Stockwerken, einem Untergeschoss sowie einem Dachgeschoss besteht.

Man entschied sich für ein Schrägdach, die vier Ecken des Bauwerks wurden mit Türmen ausgestattet. In ihnen zeigt sich deutlich der neugotische Anklang. Zur Belüftung und Beleuchtung des Untergeschosses legte man vor der Südwest- und Südostfassade einen Graben an. Diese Lösung sollte sich im Bau der Sagrada Família wiederholen.

Im ersten Stockwerk wurden die Wohnräume der Eigentümer untergebracht. Sie waren über jeweils voneinander unabhängige Türen in der seitlichen und hinteren Fassade zugänglich. Die oberen Stockwerke beherbergten Mietwohnungen, während das Untergeschoss den Büros des Unternehmens vorbehalten war. Die Haupteingangstüre war von einer schmiedeeisernen Inschrift mit dem Namen des Unternehmers und einer großen Skulptur des Heiligen Georg gekrönt. Unter dem Heiligenbild fand man während der Restaurierung 1950 eine Bleikapsel mit den von Gaudí unterzeichneten Originalplänen.

Die Fundamente der Casa Botines waren während der Bauarbeiten Gegenstand heftiger Debatten. Gaudí hatte in Anlehnung an die Kathedrale der Stadt ein durchgängiges Fundament geplant und sich mit seiner Idee durchgesetzt. Die örtlichen Techniker hingegen bestanden auf einem Bau mit Grundpfeilern, um so auf dem erst in großer Tiefe beginnenden festen Boden zu bauen. Doch allen Unkenrufen zum Trotz gab es niemals bauliche Probleme. Für das Erdgeschoss

Die Casa de los Botines ist das einzige von Gaudís Bauwerken das tatsächlich vollendet wurde

griff der Architekt erstmals auf ein System von gusseisernen Pfeilern zurück, sodass der vorhandene Raum nicht mehr durch tragende Mauern unterteilt wurde. Im Unterschied zu späteren Werken hatten die Fassaden hier jedoch immer noch eine stützende Funktion.

Auf dem Dach sorgen sechs von Eisenbalken getragene Oberlichter für die Beleuchtung und die Belüftung des Dachgeschosses. Der Komplex stützt sich auf ein Gerüst aus Holz über dem Balkenträger. 1929 kaufte die Sparkasse von León das Gebäude und passte es ihren Anforderungen an, ohne den Entwurf von Gaudí zu verändern. Derzeit beherbergt es die Caja de España. Der Name des Hauses geht auf den ehemaligen Besitzer des Unternehmens, Joan Homs i Botinàs, zurück.

Left: Detail of the fence
Right: Main entrance portal

Links: Detail aus der Umzäunung
Rechts: Eingangsportal

EXPOSICIÓN
La Catedral de León, el Sueño de la Razón
1901   2001
OCTUBRE 2001   Caja España

Caja España
paña

In the corners of the house, Gaudí placed cylindrical towers topped with a column, which is doubled in height in the northern side to indicate the direction. Gaudí liked to show the cardinal points in his buildings and did so in Palau Güell, Bellesguard, Park Güell, and Casa Batlló.

An den Ecken des Hauses befinden sich Rundtürme mit doppelten Kapitell-Abschlüssen im Nordteil. Gaudí wies an seinen Bauten mit Vorliebe die Himmelsrichtungen aus. Man findet solche Hinweise auch am Palau Güell, in Bellesguard, im Park Güell und an der Casa Batlló.

This neo-gothic building, which, for Gaudí, is quite spartan, is made of limestone, cornered by four towers, and surrounded by a moat like a medieval castle. The wooden roof truss is covered with slate.

Das für einen Gaudí-Bau spartanisch wirkende Kalksteingebäude mit seinen vier Ecktürmen zeigt neugotische Züge und ist wie eine Burg von einem Graben umschlossen. Das Dach ist mit Schiefer gedeckt.

Right: The entrance railings were manufactured in Barcelona and crowned with an inscription of the names of the owners that was eventually replaced by the names of the new residents. The railings of the moat resemble those of Casa Vicens, since Gaudí used similar techniques and rivets.

Rechts: Das Eingangsgitter wurde in Barcelona hergestellt. Es zeigte die Namen der ursprünglichen Eigentümer, die dann durch die Namen der neuen Besitzer ersetzt wurden. Die Gitter vor dem Graben sind wie die der Casa Vicens gefertigt, darauf lassen die Technik und die vernieteten Verbindungsstellen schließen.

The interior, which has been fully reformed over the years, still contains some of the elements designed by Gaudí, including the magnificent marquetry work in the doors and windows and wrought iron elements such as the banisters and railings. In some rooms, one can contemplate the original structure made of a system of metal pillars with stone capitals.

In dem über die Jahre hinweg mehrfach renovierten Inneren sind noch einige der von Gaudí entworfenen Elemente erhalten. Besonders eindrucksvoll sind die Intarsienarbeiten an Türen und Fenstern sowie die schmiedeeisernen Elemente an Geländern und Gittern. In einigen Räumen liegt die Konstruktion offen und zeigt ein System von Metallpfeilern mit Steinkapitellen.

The fascinating structure of the towers includes a framework of wooden strips with a helical form that are held up by vertical posts. Despite the irregularity of the pieces, the system is stable and has never required restoration.

Das faszinierende Fachwerk der Türme ist spiralförmig angelegt, senkrechte Stützpfeiler verbinden die Holzbänder miteinander. Trotz der ungleichmäßigen Beschaffenheit der einzelnen Teile ist der Komplex in sich stabil und musste bei den Instandsetzungsarbeiten nicht verstärkt werden.

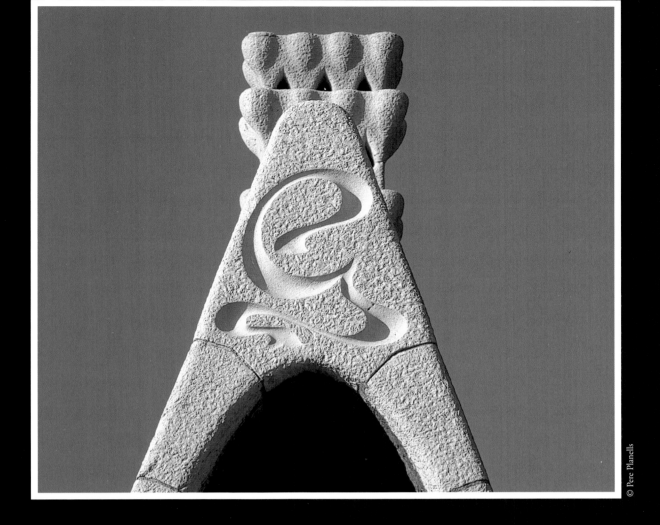

Bodegas Güell

Carretera C-246, Garraf, Barcelona
1895

The bodegas are located on the land for which Gaudí had originally designed a hunting pavilion. Eusebi Güell requested the pavilion, but it was never built.

Dort, wo sich heute die Bodegas (Weinkeller) befinden, sollte ursprünglich ein Jagdpavillon, Gaudís erstes Projekt für Eusebi Güell, entstehen. Er wurde jedoch niemals gebaut.

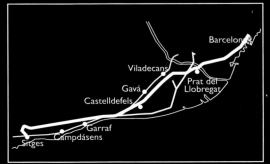

Closed to the public
Das Innere kann nicht besichtigt werden

For many years, it was believed that the Bodegas Güell were designed by Francesc Berenguer i Mestres. However, the plans were not in the architect's archives and other factors led to the conclusion that Eusebi Güell had once again entrusted Gaudí to execute this project on one of his estates.

The land is located on the coasts of Garraf, to the south of Barcelona. At first, the client envisioned a hunting pavilion, in a similar style to Casa Vincens. He later rejected the idea and decided instead to build bodegas. Güell dedicated the surrounding terrain to the cultivation of vineyards, which produced a wine that was later served, for example, on the ships of the Transatlantic Company. The land was first leveled to even out the precipitous cliffs.

The development includes two buildings, an entrance pavilion and the bodegas. In front of the buildings is a large iron door formed by a crossbeam of wrought iron with thick chains hanging from it. This combination of materials was not structurally necessary but Gaudí decorated some façades in this way in order to avoid simplicity. A grand arch crowned by a balcony mirador receives visitors and contains the door of the concierge's house.

The bodegas rise up forcefully in a unique setting that the architect respected by using local materials

The bodegas are located in an austere and striking building, evocative of military architecture and made of stone extracted from nearby quarries. The roof has two inclinations, one of which reaches the ground and becomes part of the façade. Experts say the architect was inspired by oriental pagodas. The chimneys are typical of Gaudí and display his surprising imagination.

The cellars are located on the ground floor. The first floor contains the residence, and the attic accommodates a chapel, which explains the appearance of a belfry on the roof.

From a formal point of view, Bodegas Güell looks nothing like other buildings that Gaudí had, or would, design. However, the genius never repeated himself. His designs were a constant innovation in the fields of structure, composition, and construction. Therefore, it is not unusual that the resources used here were not repeated in other projects.

© Pere Planells

Viele Jahre lang vermutete man, die Bodegas Güell seien das Werk des Architekten Francesc Berenguer i Mestres. Das Fehlen entsprechender Zeichnungen in dessen Archiv legte schließlich die Schlussfolgerung nahe, dass Eusebi Güell für die Durchführung eines Projektes auf einem seiner Grundstücke wieder auf Gaudí vertraut hatte.

Das Gelände liegt südlich von Barcelona an der Küste des Garraf. Zunächst sollte hier ein Jagdpavillon mit Reminiszenzen an die Casa Vicens entstehen. Den Plan ließ man aber später zugunsten einer Weinkellerei fallen, denn Güell baute auf den an das Gut angrenzenden Grundstücken Wein an.

Der Komplex besteht aus zwei Bauten, dem Eingangspavillon und den Lagerkellern. Der Eingang ist durch ein großes Eisentor mit einem geschmiedeten Querbalken gekennzeichnet, von dem dicke Ketten herabhängen. Für die tragenden Mauern wurde Kalkstein mit Ziegelsteinen kombiniert – eine Materialverbindung, die lediglich zur Auflockerung der Fassaden dient. Ein großer, von einem Balkon gekrönter Bogen empfängt die Besucher und nimmt in seiner Form Bezug auf die Tür des Pförtnerhauses.

Die Bodegas selbst sind in einem streng gestalteten Gebäude untergebracht, das an Militärarchitektur erinnert. Das Material entstammt den Steinbrüchen der nahen Umgebung. Die Verlängerung der Südostfassade bildet eine der Seiten des Giebeldaches, weshalb man davon ausgeht, dass sich Gaudí durch orientalische Pagoden inspirieren ließ. Eines der Elemente, das auf Gaudí als Urheber dieses Projektes verweist, sind die von orientalischen Motiven inspirierten Kamine, die mit überraschendem Einfallsreichtum konzipiert wurden.

Die kraftvolle Architektur der Bodegas erhebt sich aus einer einzigartigen Landschaft, der Gaudí dadurch Respekt zollte, dass er ausschließlich Baumaterial aus der Umgebung verarbeitete

Im Erdgeschoss der Bodegas wurden die Lagerkeller eingerichtet, im ersten Stock die Wohnräume und im Dachgeschoss eine Kapelle. Das erklärt auch den Glockenturm auf dem Dach.

Formal gesehen hat die Anlage weder Ähnlichkeit mit Gaudís vorherigen Entwürfen noch mit seinen späteren, wobei man nicht vergessen darf, dass er sich niemals wiederholte und seine Gebäude immer wieder strukturelle und kompositorische Neuerungen aufwiesen. So ist es nicht verwunderlich, dass Gaudí die hier eingesetzten Mittel später nicht noch einmal verwendete.

The extraordinary roof seems to be inspired by oriental pagodas.
Die eigenwillige Dachform mutet wie eine orientalische Pagode an.

© Miquel Tres

The building is located near the cave of the Falconer, where a large underground river flows into the sea. Güell wanted to divert the river towards Barcelona. On the grounds, there is also a medieval watchtower that is connected to the residence via a bridge.

Die Bodegas Güell befinden sich nahe der Falconera-Höhle, wo unterirdisch ein wasserreicher Fluss ins Meer mündet, den Güell nach Barcelona umleiten wollte. Auf dem Gelände befindet sich auch ein mittelalterlicher Wachturm, der über eine Brücke mit den Wohngebäuden verbunden war.

The large roof that transforms into the façade emphasizes Gaudí's wish to link all the constructional elements of his works. The roof serves as an umbrella and a parasol for the building and has structural functions.

Das große Dach, das in die Fassade übergeht, unterstreicht Gaudís Bestreben, sämtliche Bauelemente in seinen Werken möglichst eng miteinander zu verbinden. Das Dach diente somit nicht nur zum Schutz des Gebäudes vor Regen und Sonne, sondern übernahm auch strukturelle Aufgaben.

Though this work does not feature characteristic elements of Gaudí, his style is obvious in the parabolic arches, in the masterly use of exposed construction, and in the wrought iron door of the entrance.

Das Bauwerk enthält keine für Gaudí charakteristischen Elemente, aber seine Handschrift ist an den Parabolbögen ebenso auszumachen wie an dem schmiedeeisernen Eingangstor.

© Roger Casas

casa calvet

Carrer Casp, 48, Barcelona
1898-1900

"When the plasterers had to begin the ceilings, which were very ornate, they went on strike; so that the project would not be stalled and to teach them a lesson, I decided to substitute the level ceilings for simple, thin coffered ceilings"

»Als die Stuckateure mit der Arbeit an den Decken beginnen sollten, für die ein reiches Dekor vorgesehen war, traten sie in Streik. Um eine Unterbrechung der Bauarbeiten zu verhindern und ihnen eine Lektion zu erteilen, beschloss ich, die Etagen stattdessen einfach mit dünnen Holzdecken auszustatten.«

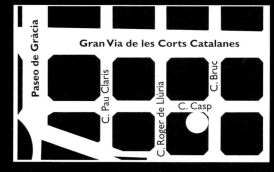

Visitors can view the exterior or visit the restaurant
Das Restaurant und der Außenbereich können besichtigt werden

When Barcelona's City Hall decided in 1900 to give an award for the best building of the year, officials chose the construction that Gaudí had designed for D. Pedro Martir Calvet. A textile manufacturer, Calvet assigned the building to the architect in 1898. The award was the only recognition Gaudí received during his lifetime for a project.

Casa Calvet was Gaudí's first attempt at residential housing design. Until the assignment, Gaudí had never designed a residential building, and the concept–quite different from his usual commissions–was a challenge for him.

The Calvet building is located between party walls on a street in Barcelona's Eixample neighbourhood. The distribution of this zone and builders' attempt to make the most of the land gave Eixample buildings a standard style. As a result, Casa Calvet is one of Gaudí's most conventional constructions, since he had to repress the tremendous display of imagination and genius shown in his other works. Nevertheless, the building is a clear demonstration of how it is possible to design personalized constructions despite limitations and determined architectural possibilities.

For this building of rental apartments, Gaudí dared to freely interpret neo-baroque, combining it with other, more personal styles

The ground floor of the property was reserved for a warehouse, an office (this space is now occupied by a restaurant that conserves some decorative elements from the era), and the main floor. The rest of the building was designated for rental housing. To give the building his personal touch, Gaudí designed each one of the apartments in a different manner.

The main façade displays more restrained forms than the back façade, where Gaudí developed a more personal and ambitious work. Made of carved stone, the façade's apparent austerity does little to warn of the creative foyer behind it. The extraordinary masonry work gives the building a rough aspect and a unique relief, which are softened by the lobed, wrought iron balconies and diverse sculptural elements.

Gaudí adapted the building to the needs of the owners and the conditions of the existing space. Displaying a fortunate pragmatism, he designed an urban building with an almost symmetrical plan in which the patios–two quadrangular ones located next to the entrance staircase and another two rectangular ones situated in the extremes of the building–permit natural light to enter the different levels.

The architect gave special importance to the interior decoration of the residences. He designed some of the office furnishings, including light arm chairs and two-seater sofas, a table, and a chair. This collection was his first foray into this area of design.

Als im Jahre 1900 die Stadtverwaltung von Barcelona beschloss, den Preis für das beste Gebäude des Jahres zu verleihen, entschied sie sich für dieses von Gaudí für den Textilfabrikanten Pedro Martir Calvet entworfene Bauwerk. Den Auftrag dazu hatte er im Jahr 1898 erhalten. Diese Auszeichnung sollte die Einzige sein, die Gaudí zu Lebzeiten erfuhr. Die Arbeit stellte für den Künstler eine große Herausforderung dar und war eine erste Annäherung an Entwürfe für nicht freistehende Häuser.

Die Casa Calvet liegt eingebettet zwischen anderen Gebäuden in einer Straße in der Eixample von Barcelona. Dadurch ist die Nutzung des Gebäudes vorgegeben. Es handelt sich wohl um eines der konventionellsten Gebäude Gaudís. Dennoch ist die Casa Calvet ein Beweis dafür, wie es einem Architekten gelingen kann, einem Gebäude trotz fester architektonischer Grenzen und Vorgaben seinen eigenen Stempel aufzudrücken.

Der Eigentümer behielt sich im Erdgeschoss und in der Beletage Raum für ein Lager und ein Büro vor (derzeit beherbergt dieser Raum, in dem das zeitgenössische Originaldekor erhalten blieb, ein Restaurant). Der Rest des Hauses war für Mietwohnungen bestimmt. Gaudí wollte dem Gebäude einen spezifischen Charakter verleihen und entwarf jedes Stockwerk unterschiedlich. Die Hauptfassade aus behauenem Stein steht mit ihrer Strenge der verspielten

Gaudí wagte sich an eine freie Interpretation des Neobarock, indem er diesen beim Entwurf für das Mietshaus – zweifellos eines seiner konventionellsten Werke – mit anderen, persönlicheren Stilen kombinier

Eingangshalle gegenüber. Eine einheitliche Struktur bestimmt die Hauptfassade. Quadersteine verleihen ihr ein raues Gesamtaussehen, das aber durch die geschwungenen, schmiedeeisernen Balkone und verschiedene Skulpturelemente aufgelockert wird.

Um den Bedürfnissen der Besitzer und dem vorhandenen Raum gerecht zu werden, entwarf der Architekt ein Gebäude mit symmetrischem Grundriss, bei dem zwei Innenhöfe neben der Treppe sowie zwei weitere am Ende des Gebäudes den Einfall von natürlichem Licht erlauben.

Gaudí maß der Einrichtung der Wohnungen große Bedeutung bei. Er entwarf sogar einige Möbelstücke wie etwa Armsessel mit einem bzw. zwei Sitzen, einen Tisch oder einen Stuhl. Diese Möbel stellten seinen ersten Versuch auf diesem Gebiet dar. Darüber hinaus entwarf er Decken, das Fenster der Zugangstür, Türgriffe, Türklopfer und Blumentöpfe für die hintere Terrasse.

View into the restaurant with its original furniture
Blick in das mit Originalmobiliar ausgestattete Restaurant

© Roger Casas

© Roger Casas

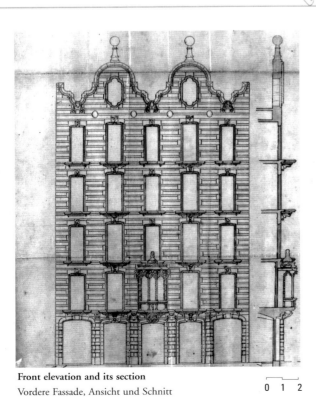

Front elevation and its section
Vordere Fassade, Ansicht und Schnitt

0　1　2

© Roger Casas

Over the entrance door–placed exactly in the center of the main façade–is a small, lavishly decorated lookout platform. On the lower part is a crest of Catalonia, the owner's initial, and the image of a cypress. These are examples of symbolic references that would later have special significance in the Sagrada Família.

Über der Eingangstür – genau in der Mitte der Hauptfassade – ist ein reich verzierter kleiner Tribünenerker angebracht, in dessen unterem Teil das Wappen von Katalonien, die Initialen des Eigentümers und das Bild einer Zypresse dargestellt sind. All dies sind Beispiele für symbolische Anspielungen, die Gaudí später beim Bau der Sagrada Família bis in die letzte Konsequenz ausfeilte.

For the construction of this building, Gaudí opted to make a plaster model of the façade. He presented this solution–more practical, schematic, and detailed than blueprints–to City Hall. The consortium selected the building, by majority, not unanimously, as the best of the year. The ground floor now houses a restaurant that retains some of the original decorative elements.

Für den Bau dieses Hauses ließ Gaudí ein Gipsmodell der Fassade anfertigen. Diese Lösung war nicht nur praktischer, sondern auch genauer als die Zeichnungen, die er nur deshalb anfertigte, um sie der Stadtverwaltung vorzulegen. Der Gemeinderat wählte den Bau 1900 zum besten des Jahres aus. Das Originaldekor ist teilweise noch erhalten, wie hier in einem der Waschräume.

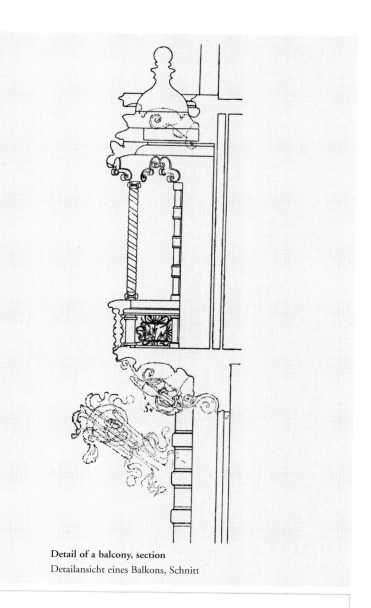

Detail of a balcony, section
Detailansicht eines Balkons, Schnitt

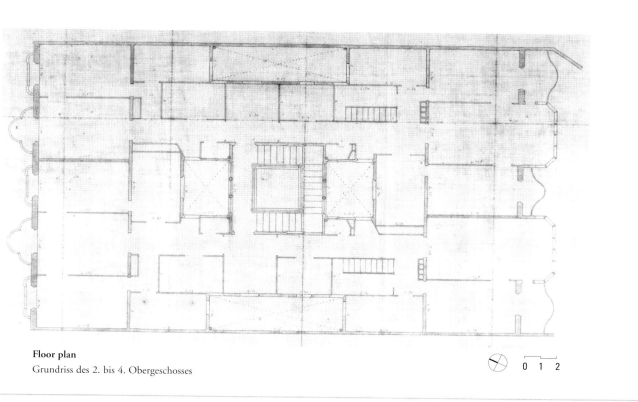

Floor plan
Grundriss des 2. bis 4. Obergeschosses

0 1 2

crypt of the colònia güell
krypta der colònia güell

Reixac, Santa Coloma de Cervelló, Barcelona
1908–1916

"One must not want to be original, because style itself comes from within and comes out spontaneously"

»Man darf nicht originell sein wollen. Den eigenen Stil trägt man im Innern, er äußert sich spontan.«

Hours: 10:15 a.m. to 1:15 p.m. and 4 p.m. to 6 p.m. (request the key from the priest)

Öffnungszeiten: 10.15–13.15 Uhr und 16–18Uhr (Schlüssel beim Pfarrer erhältlich)

The Colònia Güell is one of Gaudí's most original and interesting works, even though the project was never completed. Gaudí had free reign to design the colony and spent almost 10 years studying the plans. Construction began in 1908, but he was only able to build the crypt of the church. When Count Güell died in 1914, the project was abandoned.

The assignment entailed building a housing development for a small settlement of workers next to Eusebi Güell's textile factory in Santa Coloma de Cervelló, 20 kilometers from Barcelona, in Baix Llobregat. The colony was to occupy 30 hectares of a 160-hectare estate. The workers' residences were designed to surround the factory, and Güell had planned to construct all types of facilities for the residents, including a church. An inspired Gaudí designed a complex settlement with constant references to nature. For example, the church, situated on a small hill, would have blended in with its natural surroundings. Gaudí's plan was to use organic forms and a studied polychromy so that the dark tones of the crypt's bricks would merge with the tree trunks. The green tone of the church walls would have fused with the trees, and the high ceilings of the church would have transformed into blue and white in order to blend with the sky and the clouds. For Gaudí, this special chromatic plan represented nature and symbolized, at a deeper level, the path of the Christian life.

An example of mystic architecture. Though this project was never finished, Gaudí created a new method of calculating structures: he constructed a model with cables that held small sacks full of pellets

Gaudí's design took advantage of the land's pronounced slope to include a crypt with a portico and a chapel, reached through steps on the portico. Even though there are finished outlines, sketches, and even a model of the construction, Gaudí was only able to build the crypt, which can be considered as a small fragment of a majestic project. The crypt is a complex and perfect skeleton made out of brick, stone, and blocks of basalt. Its floor plan has the shape of a star, made possible by the inclination of the exterior walls. Since the crypt is covered by a vault walled up with long, thin bricks on ribs of brick, it looks like the shell of a tortoise from the exterior. Inside, it appears more like the enormous twisted skeleton of a snake. Four inclined columns of basalt situated at the entrance invite visitors to enter.

Die Colònia Güell ist eines der originellsten und interessantesten Werke Gaudís, auch wenn sie unvollendet blieb. Der Architekt, dem zur Durchführung des Auftrags völlige Freiheit eingeräumt worden war, verbrachte allein zehn Jahre damit, die Konstruktionen zu planen. Letztlich kam lediglich die Krypta zur Ausführung. Die Bauarbeiten begannen im Jahr 1908; nach dem Tod des Grafen Güell im Jahre 1918 wurden sie nicht wieder aufgenommen – das Projekt blieb unvollendet.

Das Gotteshaus sollte inmitten einer kleinen Arbeitersiedlung entstehen, die ungefähr 20 Kilometer von Barcelona entfernt in Santa Coloma de Cervelló (Baix Llobregat) in der Nähe der Textilfabrik Eusebi Güells liegt. Güell wollte für seine Arbeiter alle möglichen Bauwerke errichten lassen, darunter auch eine Kirche.

Gaudí war begeistert von der Idee und entwarf eine komplexe Anlage mit Bezügen zur Natur. Die Kirche, auf einem kleinen Hügel gelegen, sollte mit der natürlichen Umgebung verschmelzen. Um dieses Ziel zu erreichen, verwendete Gaudí organische Formen und eine sorgfältig abgestufte Farbigkeit, innerhalb derer zum Beispiel die dunklen Töne der Ziegelsteine in der Krypta Baumstämme nachahmen sollen. Die Kirchenmauern sollten sich in Grüntönen erheben und mit der Farbe der Bäume vermischen, dann in Weiß oder Blau übergehen, um mit dem Himmel und den Wolken zu verschmelzen. Für Gaudí stellte

Ein Beispiel mystischer Baukunst – so könnte man dieses unvollendet gebliebene Projekt nennen, für das Gaudí ein neues Berechnungsverfahren auf der Grundlage eines stereostatischen Modells erarbeitete.

diese einzigartige Farbzusammenstellung nicht nur die Natur dar, sondern symbolisierte den Weg des christlichen Lebens. Der Entwurf bezog die ausgeprägten Höhenunterschiede des Bodens ein, um eine Krypta mit einem Portikus und einer Kapelle einzuschließen. Wenn auch die Entwürfe, Zeichnungen und das Modell des vollständigen Werkes noch erhalten sind, so wurde doch nur die Krypta gebaut, die als kleines Bruchstück eines majestätischen Werks betrachtet werden kann – ein komplexes und perfektes Skelett aus Ziegelsteinen, Stein und Basaltblöcken.

Der Grundriss der Krypta ist sternförmig, was auf die Neigung der Außenmauern zurückzuführen ist. Die mit dünnen Ziegelsteinen verkleidete, von Ziegelsteinstreben getragene Wölbung erinnert von außen an den Panzer einer Schildkröte, ähnelt von innen aber eher dem Skelett einer Schlange. Vier geneigte Basaltsäulen im Eingang laden zum Betreten des Raumes ein, der mit drei Altären ausgestattet ist.

Photographs of the Crypt of the Colònia Güell: Pere Planells
Fotos der Krypta der Colònia Güell: Pere Planells

Inside the crypt, basalt pillars would have been the principal support of the church if it had been built. Their solidity contrasts with the delicateness of the colored stained glass windows.

Im Innern der Krypta kontrastiert die Leichtigkeit der farbigen Glasscheiben mit den soliden Basaltpfeilern. Sie sollten die Hauptträger der Kirche werden.

Sketch of the crypt
Entwurfsskizze der Krypta

Gaudí's religious architecture combined construction and liturgy with other disciplines ranging from music to philosophy.

Kennzeichnend für Gaudís Sakralbauten ist eine Architektur, in die neben den Aspekten der Konstruktion und Liturgie auch Elemente aus anderen Bereichen Eingang finden – von der Musik bis hin zur Philosophie.

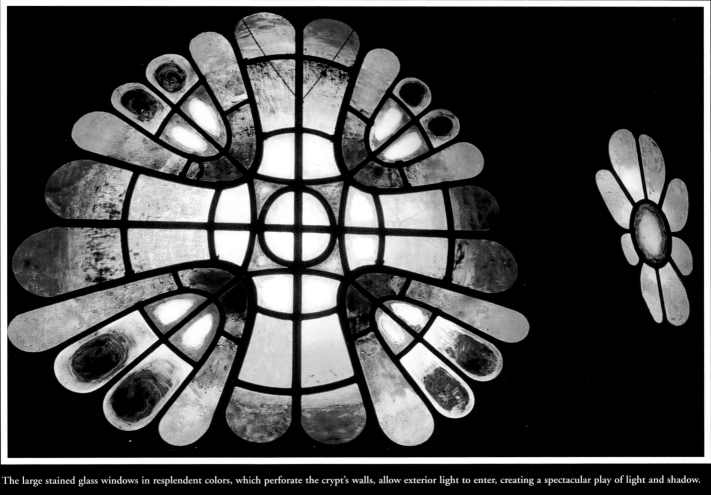

The large stained glass windows in resplendent colors, which perforate the crypt's walls, allow exterior light to enter, creating a spectacular play of light and shadow.

Die großzügigen Glasfenster in leuchtenden Farben, die die Mauer der Krypta durchbrechen, gestatten den Lichteinfall von außen und schaffen im Inneren ein abwechslungsreiches Spiel von Licht und Schatten.

© Miquel Tres

Bellesguard

Bellesguard, 16–20, Barcelona
1900–1909

Bellesguard is built on the same terrain on which King Martí I l'Humà constructed a retreat. The property has a view of the sea and the king could watch the galleys arrive. The estate is Gaudí's most significant tribute to Catalonia's great medieval past.

Bellesguard ist der bedeutendste Tribut, den Gaudí der großen mittelalterlichen Vergangenheit Kataloniens zollte. Es wurde auf dem Gelände errichtet, auf dem sich König Martí I l'Humà (»der Menschliche«) einen Ruhesitz errichten ließ, von dem aus er das Meer betrachten und die Ankunft der Galeeren beobachten konnte.

Closed to the public
Das Innere kann nicht besichtigt werden

The country house of María Sagués, widow of Jaume Figueras and a fervent admirer of Gaudí, was constructed on land that, in the 15th century, was the site of the summer residence of the last Catalan king, Martí I ("The Human"). The name of the estate, "Bell Esguard," means "beautiful view" and dates to the middle ages. It refers to the estate's striking location and splendid view of the city of Barcelona.

When Gaudí accepted the commission to design María Sagués' home, only few traces remained of what was formerly the medieval mansion of a king. Nevertheless, Gaudí's design could be considered a type of tribute to the architecture of Catalonia's medieval past. Gaudí conserved the ruins of the mansion and offered his own personal version of different historical and stylistic concepts. His architectural genius is evident in both the striking and solemn volumes that make up the façade and in the house's interior.

The exterior of this noble building, covered with stone, is vaguely reminiscent of medieval constructions and adapts perfectly to its surroundings. The various windows that perforate the walls of the façade are lobed arches in the gothic style. The thin and graceful tower situated at one of the extremes of the residence features one of the architect's most characteristic touches: the four-pointed cross.

Bellesguard is a residence with a simple, nearly square floor plan. The four principal diagonals are oriented toward the cardinal points. The house has a semi-basement, a ground floor, an apartment, and an attic.

Covered vaults with low profiles supported by cylindrical pillars define the structure of the semi-basement, giving it a rough, almost monastic, aspect. On the upper level, the brick vaults turn into a more decorative element by exposing the color of the brick. In this space, great luminosity is achieved, thanks in part, to the ample openings. On the upper floors, Gaudí created diaphanous and open spaces by adding numerous windows and re-covering the walls with plaster. These solutions managed to accentuate the luminosity—difficult to perceive from the outside—while creating attractive plays of light and shadow. The roof of the attic is supported by a structure formed by mushroom-shaped capitals made of projecting brick. The capitals hold up a flat, partitioned panel made of alternating thick bricks and tiles. False arches rise up from the panel.

Standing next to the main cross of Park Güell's three crosses, Gaudí had of view of the four-pointed Bellesguard cross

Gaudí abandoned the construction of Bellesguard in 1909, precisely 500 years after the date on which King Martí I married Margarida de Prades at the estate. Years later, the architect Domènec Sugrañes finished the project.

Auf dem Boden, der das Landhaus von Doña María Sagués beherbergen sollte, der Witwe von Jaume Figueras und einer glühenden Anhängerin Gaudís, stand im 15. Jahrhundert die Sommerresidenz von Martí I l'Humà, des letzten Königs von Barcelona aus dem Hause Katalonien und Aragon. Der Name Bellesguard (»schöne Aussicht«) stammt aus dieser Zeit und spielt auf seine Lage mit einem großartigen Rundblick auf die Stadt an. Als Gaudí den Auftrag für dieses Haus annahm, dessen Entwurf als Tribut an die mittelalterliche Vergangenheit Kataloniens betrachtet werden kann, waren schon kaum mehr Überreste des mittelalterlichen königlichen Landsitzes vorhanden. Gaudí respektierte die wenigen noch erhaltenen Ruinen, indem er sich für eine sehr persönliche Version sowohl bei der Gestaltung der Fassaden als auch beim Entwurf der architektonisch sehr ausdrucksstarken Innenräume entschied.

Das Äußere des Gebäudes, das mit schieferartigem Stein verkleidet ist, erinnert vage an mittelalterliche Bauten und passt sich perfekt in die Umgebung ein. Die Fenster der Fassadenmauern haben Bögen mit gotischen Anklängen, und der Turm am äußersten Rand des Wohnhauses trägt eines der charakteristischsten Siegel des Architekten, das vierarmige Kreuz.

Die Residenz ist auf einem einfachen, praktisch quadratischen Grundriss erbaut, dessen vier Hauptdiagonalen nach den vier Himmelsrichtungen ausgerichtet sind. Das Haus gliedert sich in Zwischengeschoss, Erdgeschoss, Wohnung und Dachgeschoss. Gipsverputzte, von zylindrischen Pfeilern getragene Gewölbe mit niedrigem Profil bestimmen die Struktur des Zwischengeschosses. Im Obergeschoss wechseln sich die aus Ziegelstein gemauerten Gewölbe mit dekorativen Elementen ab. Dieser Raum ist besonders hell, was teilweise durch breite Durchbrüche erreicht wird. In den oberen Stockwerken strukturierte Gaudí die Räume durch den Einsatz zahlreicher Öffnungen und den Gipsverputz an den Wänden. Die Decke des Dachgeschosses wird ihrerseits von Pfeilern verschiedener Ausprägung mit pilzförmigen Kapitellen aus überkragenden Ziegelsteinen getragen. Auf diesen wiederum ruht eine flache verschalte Platte, von der falsche Bögen aus abwechselnd dünnen und dicken Ziegelsteinen ausgehen.

Gaudí versuchte, sich in jedem seiner Werke selbst zu finden. Steigt man zu den Drei Kreuzen im Park Güell auf und stellt sich neben das Hauptkreuz, fällt der Blick auf das Bellesguard beherrschende vierarmige Kreuz.

Im Jahre 1909, am 500. Jahrestag der Vermählung von Martí I mit Margarida de Prades an diesem Ort, gab Gaudí das Projekt auf, und die Abschlussarbeiten wurden dem Architekten Domènec Sugrañes anvertraut.

© Miquel Tres

Crowning the high, slender tower of the building are the four-pointed cross, the royal crown, and the four bars of the Catalan-Aragonese flag. All of these elements are represented helically in stone and are covered with "trencadís," small ceramic tiles.

Als Krönung des hohen, schlanken Turmes erkennt man das vierarmige Kreuz, die königliche Krone und die vier Streifen der katalanisch-aragonesischen Flagge. All diese Elemente sind spiral-förmig in Stein umgesetzt und mit Keramikscherben (trencadís) verkleidet.

© Joana Furió

© Joana Furió

© Miquel Tres

© Joana Furió

Contrasting textures are habitual in the work of the Catalan architect and Bellesguard is no exception. Gaudí covered some windows with grates; in this case, round iron bars. The grates are a decorative element that also provide protection.

Materialkontraste sind im Werk des katalanischen Architekten üblich, und Bellesguard bildet hier keine Ausnahme. Gaudí bedeckt einige Fenster mit Gittern, in diesem Fall aus runden Eisenstäben. Dieses Element wird nicht nur als dekorative Lösung eingesetzt, sondern auch zum Schutz des Gebäudes.

At Bellesguard, Gaudí combined wrought iron with stained glass in a masterly and precise way. Of particular interest is the lamp in the foyer. Gaudí chose triangles to make up the lamp's structure and circles to adorn the glass. The architect's close collaboration with specialized artisans was of utmost importance when it came to creating the decorative elements of his buildings.

Gaudí kombiniert in Bellesguard auf meisterliche Art kunstvolle Schmiedearbeiten mit farbigen Gläsern. Besonders interessant ist die Lampe in der Eingangshalle, die aus Dreiecken und Kreisen aufgebaut ist. Die Zusammenarbeit des Architekten mit den entsprechenden spezialisierten Handwerkern war für die Ausarbeitung der dekorativen Elemente seiner Gebäude von ausschlaggebender Bedeutung.

The mosaics found in different spaces of the building are more than just decorative elements and should be interpreted as symbolic references to historic eras during which Catalonia enjoyed great political and economic splendour.

Die in verschiedenen Räumen des Gebäudes verwendeten Mosaiken sind vom Architekten nicht nur als dekorative Elemente gedacht, sondern haben auch immer einen symbolische Bezug auf vergangene Epochen, auf die politischen und wirtschaftlichen Glanzzeiten Kataloniens.

park güell

Olot, Barcelona
1900–1914

*With genius and determination, Gaudí designed the park as a residential
paradise in the middle of the city, but it eventually became an urban park
enjoyed by all of Barcelona.*

*Eine Wohnstadt für das gehobene Bürgertum sollte es zunächst werden. Mit der Zeit
verwandelte sich das, was ein bewohntes Paradies mitten in der Stadt sein sollte, in einen wunderbaren
Park, der allen Bewohnern von Barcelona zur Verfügung steht.*

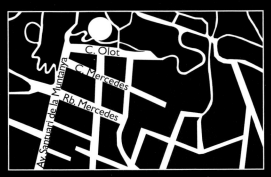

Hours: November to February 10 a.m. to 6 p.m.;
March and October 10 a.m. to 7 p.m.; April and September
10 a.m. to 8 p.m.; May to August 10 a.m. to 9 p.m.
Casa Museu Gaudí: November to February 10 a.m. to
6 p.m.; March and September 10 a.m. to 5 p.m.;
May to August 9 a.m. to 8 p.m.
Entrance fee for the Casa Museu Gaudí.

Öffnungszeiten: November bis Februar 10–18 Uhr; März und
Oktober 10–19 Uhr; April und September 10–20 Uhr; Mai bis
August 10–21 Uhr
Casa Museo Gaudí: November bis Februar 10–18 Uhr; März
und September 10–17 Uhr; Mai bis August 9–20 Uhr
Eintritt zur Casa Museo Gaudí kostenpflichtig

Eusebi Güell was an admirer of English landscape gardening. Envisioning a new model of the English "garden-city," he decided to develop some land known as the "Bald Mountain" in the neighbourhood of Gràcia. Güell wanted to create a residential space close to the city that would attract the wealthy Catalan bourgeoisie. He entrusted the project to his friend and protégé Gaudí. Unfortunately, the project was unsuccessful, and the terrain was converted into a public park in 1922, when Barcelona's City Hall bought the land from Güell's heirs.

Gaudí designed Parc Güell as a housing development protected and isolated by a surrounding wall. With seven gates, the wall features undulating lines and is made of rubblework, with inlaid "trencadís" ceramics, a mosaic made of broken pieces of tile. This ornamentation is repeated in numerous compositional elements. Güell Park occupies two properties: Can Coll i Pujol and Can Muntaner de Dalt, which were divided into 60 parcels. The tracts had a triangular form adapted to the topography of the land, full of uneven stretches and slopes. A studied network of communications was formed by a wide main walkway and different paths for vehicles with short cuts for pedestrians. This scheme made the most of the land's pronounced topographical irregularities and guaranteed fluid and easy communication. In order not to destroy the beautiful landscape, the architect based the intervention on absolute respect for the surroundings. For this reason, he chose not to level the land; instead, he drew paths and elevated tunnels and used the excavated rock to build viaducts and porticos.

Park Güell is the result of Gaudí's respect for the land and nature, his profound knowledge of construction know-how, and his unlimited imagination

Gaudí's brilliant solution for dealing with the peculiarities of the rocky terrain—unsuitable for trees and containing steep embankments—was to adapt the project to nature and construct, using minimal materials and maximum variety, covered walkways that seemed to emerge from the land itself. These paths created out of stone are similar in structure and design to the crypt of the Colònia Güell. Moreover, they are a splendid architectural solution and a practical resource since they offer protection from inclement weather during the winter and shade during the hot summer months.

Eusebi Güell, ein Bewunderer der englischen Landschaftsgärten, hatte das neue Modell der englischen Gartenstadt im Kopf, als er beschloss, ein Gelände im Stadtviertel Gràcia zu bebauen, das unter dem Namen »Muntanya Pelada« (der kahle Berg) bekannt war. Den Auftrag für das Projekt gab er seinem Freund und Schützling Antoni Gaudí. Seine Absicht war es, ein neues Wohnviertel in der Nähe der Stadt zu schaffen, das das gehobene katalanische Bürgertum anziehen sollte. Allerdings erzielte dieses Vorhaben letztendlich nicht den erhofften Erfolg. Die Anlage wurde ab 1922 zu einem öffentlichen Park erklärt, als die Stadtverwaltung sie den Erben Güells abkaufte.

Gaudí plante das Gelände als Siedlung, weshalb es von Anfang an von einer Umfassungsmauer umgeben war. Diese mit sieben Eingangstoren versehene geschwungene Mauer ist mit »trencadís«, farbeigen Keramiksteinchen, belegt. Dieser Schmuck wiederholt sich in zahlreichen Kompositionselementen im Inneren der Anlage. Das Gelände, das dieses Wohnviertel aufnehmen sollte, wurde in ungefähr 60 dreieckige Parzellen unterteilt. So passte es sich der Beschaffenheit des von großen Höhenunterschieden und steilen Abhängen geprägten Untergrunds an. Ein ausgeklügeltes, aus einem breiten Hauptweg und verschiedenen Fahrwegen mit Abkürzungspfaden für Fußgänger bestehendes Netz nutzt alle Bereiche dieses unregelmäßigen Grundstücks aus und er-

Der große Respekt vor der Umgebung und der Natur, eine tiefe Kenntnis baumeisterlichen Wissens und eine Vorstellungsgabe ohne Grenzen bringen das märchenhafte Szenario hervor, das der Park Güell darstellt

möglicht dabei gleichzeitig fließende Verbindungen. Der Architekt ging bei seiner Arbeit mit großem Respekt vor der Umgebung vor, um die Schönheit der Landschaft nicht zu zerstören. Aus diesem Grund ebnete er das Grundstück auch nicht ein. Stattdessen legte er Wege und hoch gelegene Tunnel an und verwendete das ausgehobene Gestein als Baumaterial für Viadukte und Säulengänge.

Das Gelände war felsig, von kleinen Anhöhen und Erdwällen durchzogen und für das Anpflanzen von Bäumen wenig geeignet. Die beste Möglichkeit Gaudís angesichts dieser Gegebenheiten bestand darin, sich an die Natur anzupassen und mit einem Minimum an Material und einem Maximum an Vielfalt Säulengänge zu bauen, die aus der Erde selbst hervorzuwachsen scheinen. Diese in Stein errichteten Pfade ähneln in ihrer Struktur und Konzeption der Krypta der Colonia Güell. Eine großartige architektonische Lösung, die gleichzeitig gegen die Widrigkeiten des Wetters im Winter schützt und in den heißen Monaten Schatten spendet.

© Pere Planells

Detail of the stairway leading to the central place
Detail aus der Treppe zum zentralen Platz

Despite Gaudí's efforts, the project didn't work and only three of the tracts were sold: the Trias family bought two, and Gaudí purchased the one used as a model, where he lived until he moved to the Sagrada Família. His former residence now houses the Museu Gaudí.

The main door was originally located on Olot Street. Two large medallions built into the wall adjacent to this street invite the visitor to enter this unique and magical place that seems like the setting of a fairy tale. One of the medallions presents the word "Park" in "trencadís" mosaic; the other one says "Güell." A wrought iron gate replaced the original wooden door when Casa Vicens was renovated in 1965. Once inside the property, two pavilions flank the wrought iron gate of the entrance door. Built in 1901 and 1902, respectively, the one situated on the left is designated for services and the one on the right contains the concierge's residence. Both pavilions have an oval floor plan and are remarkable for their architectural structure, based on reinforced ceramic tie-beams and small brick vaults supported by load-bearing walls. There is a notable absence of right angles.

In front of this entrance, a grand double staircase with symmetrical flights of stairs leads to the Column Room, formed by 86 classic columns. The stairs then lead to the Greek theatre, a grand esplanade situated above that is bordered by a continual bench with wavy lines. The flights of stairs are separated by small islands with organic decorative elements. The first takes the form of a cave, the second features a reptile head projecting out of a medallion featuring the Catalan flag, and the third presents the multicoloured figure of a dragon. The highest part of the urbanization–the area that would have been the oratory–is crowned with a mound of dried stone that holds the three stations of the cross. The crosses that are currently found in this mirador are not placed in the original position since the first crosses were destroyed in 1936.

In 1969, Parc Güell was named an Historic-Artistic Monument of National Interest. In 1984, UNESCO declared the park a World Heritage site.

Trotz aller Bemühungen lief das Projekt nicht, und es wurden nur drei Parzellen verkauft. Zwei erwarb die Familie Trias, und die dritte, auf der sich die Musterwohnung befand, kaufte schließlich Gaudí selbst, der sich dort niederließ, bis er seinen Wohnsitz in die Sagrada Família verlegte. Heute beherbergt dieses Grundstück das Museo Gaudí.

Das Haupttor befand sich ursprünglich in der Calle Olot. Die erste Einladung, in diesen einzigartigen magischen Bereich einzutreten, der einem orientalischen Märchen zu entstammen scheint, stellen zwei große, in die Mauer eingelassene Medaillons dar. In farbigen Mosaiken aus »trencadís« steht auf dem einen das Wort »Park«, auf dem anderen »Güell«. Das schmiedeeiserne Gitter dieses Eingangs, das die alte, ursprüngliche Holztür ersetzt, stammt von Renovierungsarbeiten, die im Jahr 1965 an der Casa Vicens durchgeführt wurden. Im Inneren steht auf jeder Seite des Eingangsgitters ein Pavillon. Diese wurden zwischen 1901 und 1902 erbaut und waren als Dienstpersonalunterkunft und Wohnhaus des Pförtners gedacht. Ihr Grundriss ist oval; besonders auffallend ist das Fehlen jeglicher rechter Winkel.

Gegenüber dem Eingang führt eine große symmetrisch angelegte doppelte Freitreppe zur Säulenhalle, die aus 86 klassischen Säulen besteht, und zum griechischen Theater – einer großen Freiterrasse, die sich über der Säulenhalle befindet und von einer durchgehenden, geschwungenen Mauer begrenzt ist. Die Absätze der Treppe sind durch kleine Inseln mit organischen dekorativen Elementen getrennt: eines in Form einer Grotte, ein anderes in Form eines Reptilkopfes, der aus einem Medaillon mit der katalanischen Flagge hervorragt, und das dritte mit der vielfarbigen Figur eines Drachen. Der höchstgelegene Teil der Siedlung – ein Gebiet, wo anfänglich ein Gebetshaus geplant war – war von einem kleinen Hügel aus einfachen Bruchsteinen gekrönt, auf dem die drei Kreuze der Schädelstätte standen. 1936 wurde der Ort zerstört; die Kreuze, die sich heutzutage auf diesem Aussichtspunkt befinden, stehen nicht mehr an der ursprünglichen Stelle.

Seit dem Jahr 1969 ist der Park Güell ein kunsthistorisches Denkmal. 1984 wurde er von der UNESCO zum Weltkulturerbe erklärt.

The "trencadís" mosaics at the main entrance of the park
Die farbigen Mosaik-Medaillons am Eingangstor zum Park

One of the fairy tale pavilions at the main entrance
Einer der zauberhaften Pavillons am Haupteingang

© Miquel Tres

Cross that crowns one of the pavilions
Kreuz auf einem der Pavillons

Only on rare occasions has an architect managed to combine so brilliantly urbanism, architecture, and nature. Gaudí meticulously and skillfully created a fascinating space full of symbolism.

Nur sehr selten gelingt es, Städtebau, Architektur und Natur auf so meisterhafte Weise unter einen Hut zu bringen. Gaudí hat hier einen faszinierenden, überwältigenden Raum voller Symbolik geschaffen.

Sketch of the entrance pavilion
Entwurf des Eingangspavillons

© Pere Planells

© Pere Planells

Stone is used in many spaces of the park to create forms similar to those found in nature. Stone's solidity and austerity contrasts with the richness and chromatic diversity of "trencadís" which is used on the long, undulating bench situated on the esplanade overlooking the city, above the Column Room. Mosaic medallions adorn the Column Room's ceiling, the roof of the two pavilions, the steps, and the entrance fountain.

Die Derbheit und Strenge des Steins – ein Material, das in vielen Bereichen des Parks verwendet wurde, um innerhalb der natürlich vorhandenen Strukturen Formen entstehen zu lassen – steht im Gegensatz zu der reichen Farbigkeit und Formenvielfalt des »trencadís«. Diese Technik wird beispielsweise in der großzügig angelegten geschwungenen Bank verwendet, die wie eine Aussichtsplattform die ganze Freiterrasse über der Säulenhalle umfasst, bei den Mosaikmedaillons, die deren Decke schmücken, bei dem Dach der beiden Pavillons oder bei der Freitreppe und dem Springbrunnen am Eingang.

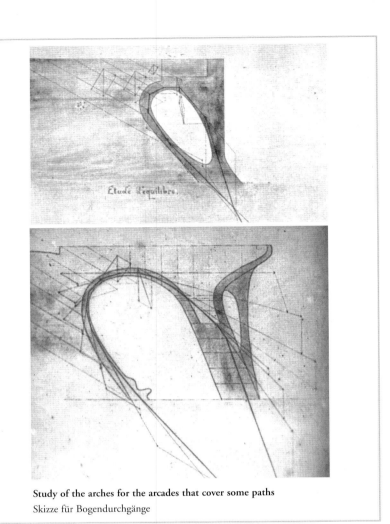

Study of the arches for the arcades that cover some paths
Skizze für Bogendurchgänge

The pavilions that flank the door of the main entrance appear like something out of a fairy tale and entice the visitor to enter a magical world. The pavilions are made of stone–as is the wall that surrounds the property–and are covered with multi-colored ceramic pieces. Though it doesn't seem so at first, the two buildings are perfectly integrated with the rest of Gaudí's composition.

Die märchenhaften Pavillons zu beiden Seiten des Haupteingangstores entführen den Besucher in eine magische Welt. Sie sind wie die Umfassungsmauer aus Stein und mit farbigen »trencadís« belegt, sodass sie sich harmonisch in das Gesamtkonzept der Anlage einpassen.

On the walls of the park or the pavilions you can find the name of "Park Güell" in different forms of multi-coloured ceramic mosaics.

Überall findet man an der Umfriedungsmauer des Parks oder an den Pavillons den Namen »Park Güell« in bunten Lettern als Keramikscherbenmosaik.

© Joana Furió

finca miralles

Paseo Manuel Girona, 55, Barcelona
1901–1902

The undulating walls take on a life of their own, like a serpent that guards the estate

Die gewundene Struktur scheint der Mauer Leben einzuhauchen, gerade so, als handelte es sich um eine Schlange, die das Anwesen bewacht.

Closed to the public
Das Innere kann nicht besichtigt werden

While Gaudí was immersed in his first grand residential project, Casa Calvet, he accepted another smaller assignment. His friend Hermenegild Miralles Anglès asked him to design a door and surrounding wall for his estate on Eusebi Güell's old private road. Today, the road is a busy avenue between the neighborhoods of Les Corts and Sarrià. Even though some experts claim Gaudí drew the plans for the house and the cottage that were later built on the estate, the architect Domènech Sugrañes has found no evidence to support the premise. The close friendship between the architect and the client led them to collaborate in various activities. Aside from being a printer, a bookbinder, and an editor, Hermenegild Miralles manufactured all types of things, from toys to decorative tiles, which Gaudí used in some of his projects, like the Vicens house or the Torino bar. Gaudí also used Miralles's powerful hydraulic press to create resistance trials to test the pillars in his projects.

The white band on top enhances the undulating elegant motion of the surrounding wall

The wall that Gaudí designed to surround the estate is wavy. Structurally, this meant that it needed more thickness in the base and a slimmer section in the upper part. For materials, Gaudí used ceramic bricks and the remains of Arabic tiles together with lime mortar. He crowned the wall with a continual element that winds above it.

The door that he created for the carriage entrance has an irregular arched form. The wall opens to create access to the forms which fold through various curves. A helical interior framework of variable thickness supports the door that seems to stand as if by magic, since there is no external element that absorbs the eccentric loads.

A canopy completes the door's wavy forms, which is formed by tie-beams built into the door, supported by fiber cement tiles and helical braces. This element was eliminated in 1965 for exceeding municipal ordinances and was replaced by a smaller one in 1977.

To the right of the grand entrance is a small iron door through which pedestrians enter. The lavish ironwork is particularly remarkable as this relatively unflexible material is bent at the narrow side. Between the two doors a large column rises up where Gaudí had planned to place a Catalan coat of arms and an inscription with the name of the owner. However, he never accomplished this plan.

Photographs of Finca Miralles: Roger Casas Fotos der Finca Miralles: Roger Casas

Während Antoni Gaudí mit den Arbeiten an seinem ersten großen Projekt für ein Wohnhaus, der Casa Calvet, beschäftigt war, nahm er einen weiteren kleinen Auftrag an. Sein Freund Hermenegild Miralles Anglès bat ihn um einen Entwurf für ein Tor und eine Umfassungsmauer für sein Haus an der alten Zugangsstraße zur Finca Güell (heute eine breite, verkehrsreiche Straße zwischen den Stadtvierteln Les Corts und Sarrià). Obwohl einige Experten Gaudí auch die Zeichnungen für das Haus, das Jahre später gebaut wurde, zuschreiben, haben sich hierfür keine Beweise gefunden.

Die enge Freundschaft zwischen Architekt und Bauherr brachte eine Zusammenarbeit in verschiedenen Bereichen mit sich. Neben seinen Tätigkeiten als Drucker, Buchbinder und Herausgeber stellte Hermenegild Miralles die unterschiedlichsten Gegenstände von Spielzeugen bis hin zu dekorativen Kacheln her, die Gaudí in Bauten wie der Casa Vicens oder der Bar Torino verwendete. Außerdem benutzte er die leistungsstarken Hydraulikpressen von Miralles, um die Belastbarkeit der Pfeiler für seine Projekte zu testen.

Die Umfassungsmauer des Anwesens ist wellenförmig gestaltet. Von der baulichen Seite aus gesehen bedeutete dies, dass in Bodennähe ein stärkerer und im oberen Bereich ein schlankerer Durchmesser nötig war. Als Baumaterial nutzte Gaudí Keramikziegelsteine und Reste von arabischen Ziegeln, die mit Kalkmörtel verbunden wurden. Ein durchgängiges schlangenförmiges Band windet sich als Abdeckung über die gesamte Länge der Mauer.

Das Einfahrtstor für Fahrzeuge hat eine unregelmäßig geschwungene Form. Zur Gestaltung des Durchlasses öffnet und biegt sich die Mauer in verschiedenen Kurven. Das Tor scheint wie von Zauberhand aufrecht gehalten zu werden, da kein äußeres Element vorhanden ist, um die große Last zu stützen. Ein spiralförmiges Gerüst von unterschiedlicher Stärke im Innern der Mauer verleiht dem Tor Stabilität. Ein Sonnendach

Das helle umlaufende Band unterstreicht noch die fließende wellenförmige Bewegung der Gesamtanlage der Mauer

nimmt die geschwungenen Formen des Eingangs auf. Es besteht aus spiralförmigen Zugstangen und in das Tor eingelassenen Balken, die Bausteine aus Faserzement tragen. Dieses Dach wurde 1965 entfernt, da es die von den Gemeindevorschriften festgelegten Höchstmaße überschritt und 1977 durch ein kleineres ersetzt.

Rechts neben dem großen Eingang befindet sich ein kleines Eisentor, das als Durchgang für Fußgänger dient. Besonders bemerkenswert ist die aufwendige Verarbeitung des Metalls, da dieser so wenig geschmeidige Werkstoff nach seiner Schmalseite hin gebogen ist. Eine dicke Säule trennt die beiden Eingänge voneinander, auf der Gaudí ursprünglich das katalanische Wappen und den Namen des Besitzers anbringen lassen wollte, doch wurde dieses Vorhaben nie realisiert.

The project is located near the dragon door of the Güell estate. Both projects feature exceptional ironwork, though the forms of the door to the Miralles estate–made up of a system of concentric circles– are more austere. On the column between the two doors is a large medallion that was supposed to contain the owner's initials and a crest of Catalonia.

Die Anlage befindet sich in der Nähe des Drachentores der Finca Güell. Bei beiden Projekten sind die Schmiedearbeiten außergewöhnlich, jedoch sind die Formen des Tors der Finca Miralles strenger. Es besteht aus wellenförmig ineinander fließenden, von verschiedenen Punkten ausgehenden konzentrischen Kreisen. Auf der Mittelsäule zwischen den beiden Toren sollten in ein großes Medaillon die Initialen des Besitzers und das katalanische Wappen eingelassen werden.

restoration of the cathedral in palma de mallorca

restaurierung der kathedrale von palma de mallorca

Plaza Almoina, Palma de Mallorca
1903–1914

Gaudí did not treat religion in a passive way; instead, his boundless creativity inspired him to reinterpret liturgical spaces

Gaudí lebte seinen Glauben. Sein überschäumender Schaffensdrang inspirierte ihn dazu, die liturgischen Räume neu zu interpretieren.

Free entry
Eintritt frei

The bishop Pere Campins i Barceló met Gaudí in 1889, during the construction of the Sagrada Família. Campins was fascinated by Gaudí's artistic and architectural talent and was highly impressed by his knowledge of the Catholic liturgy, which the architect developed during his conversations with the bishop of Astorga. Years later, the Cathedral Chapter approved Campins' proposal to restore the cathedral in Palma, which is regarded as one of the most beautiful examples of Catalan gothic architecture. Without hesitation, the bishop assigned the project to Gaudí.

The architect's ambitious design aimed to emphasize the building's gothic character. First, Gaudí changed the site of some elements: He moved the choir of the nave to the presbytery and the small back chorus to a side chapel. He also obtained permission to remove the baroque altar in order to expose the old gothic one. This left the Episcopal chair and the Trinidad chapel in full view. Second, Gaudí designed new pieces to embellish and amplify the space, including the railings, lights, and liturgical furnishings. He also reinforced the structure, having perceived a slight sagging of the columns, on which he hung some forged rings that support lights.

The relocation of elements made the altar the centerpiece, for which Gaudí designed an octagonal baldachin with symbolic references. The seven corners allude to the seven virtues of the Saint Spirit and the 50 small lamps refer to the celebration of the Pentecost. He also added sculptures of Christ, Mary, and Saint John in the stone cross as an allusion to the Divine Redemption. He considered introducing other groups of sculptures, but abandoned the idea before construction had begun.

The ambitious restoration of the gothic cathedral of Palma is not the only work of Gaudí on the isle of Mallorca

Gaudí designed nine stained glass windows, a rose window, and seven large windows, dedicated to Regina of the litany. However, only some of them were hung in the cathedral. The last one he designed is located in the vestry.

Gaudí's project included the restoration of the building, as well as reforms in some of the liturgical aspects carried out in the cathedral. For the most conservative members of the congregation, Gaudí's intervention deviated too much from the rules, so they complained to the clergy. Gaudí left the work unfinished and moved on to concentrate on the Sagrada Família, where he felt no restrictions on his creative efforts.

Photographs and drawings of the Cathedral in Palma: Gabriel Vicens
Fotos und Zeichnungen der Kathedrale von Palma: Gabriel Vicens

Im Jahr 1889 lernte Bischof Pere Campins i Barceló Gaudí bei den Arbeiten an der Sagrada Família kennen und war fasziniert von dessen architektonischem und künstlerischem Talent. Vor allem beeindruckte ihn Gaudís Kenntnis der katholischen Liturgie, die er sich durch Gespräche mit dem Bischof von Astorga angeeignet hatte. Jahre später billigte das Domkapitel den Vorschlag von Campins, die Kathedrale von Palma zu restaurieren, eines der schönsten Beispiele katalanischer Architektur der Gotik. Campins zögerte nicht, Gaudí mit der Arbeit zu beauftragen.

Der ehrgeizige Entwurf des Architekten wollte den gotischen Charakter des Bauwerkes hervorheben. So wurden einige Veränderungen vorgenommen: Das Chorgestühl wurde vom Mittelschiff ins Presbyterium und der kleine Seitenchor in eine Nebenkapelle verlegt. Zudem erhielt Gaudí die Erlaubnis, den Barockaltar zu entfernen und den alten gotischen Altar freizulegen, sodass der Blick auf den Bischofsstuhl und die Kapelle der Dreieinigkeit wieder frei wurde. Andererseits wurden neue Elemente wie Gitter, Leuchter und liturgisches Mobiliar zur Verschönerung und Erweiterung des Raumes hinzugefügt. Als ein leichtes Durchbiegen der Säulen festgestellt wurde – an den Säulen waren schmiedeeiserne Ringe mit Leuchtern befestigt –, ließ Gaudí die Struktur des Baus noch einmal verstärken.

Die Umordnung der Ausstattung stellte den Altar in den Vordergrund, für den Gaudí einen siebeneckigen Baldachin mit symbolischen Bezügen entwarf. Die Ecken spielen auf die sieben Gaben des Heiligen Geistes an, und fünfzig kleine Lampen nehmen auf das Pfingstfest Bezug. Im Kreuzgang wurden Skulpturen von *Die Restaurierung der Kathedrale ist der bekannteste, wenn auch nicht der einzige Beitrag Gaudís in Mallorca* Christus, Maria und dem heiligen Joseph in Anspielung auf die göttliche Erlösung aufgestellt. Es sollten noch weitere Skulpturengruppen hinzukommen, aber Gaudí gab die Arbeiten vor deren Umsetzung auf.

Der Architekt entwarf neun kleinere Fenster, eine Rosette und sieben großflächige Fenster, die der Regina der Laurentanischen Litanei gewidmet waren. Allerdings wurden schließlich nur einige der Fenster in die Kathedrale eingesetzt. Das zuletzt entworfene Fenster ist unversehrt in der Sakristei erhalten.

Das Vorhaben umfasste nicht nur die Restaurierung des Gebäudes, sondern auch Reformen einiger Elemente der in der Kathedrale abgehaltenen Liturgie. Da den erzkonservativen Kirchenvertretern der Beitrag Gaudís jedoch zu weit ging, kam es ebenso wie in Astorga zu Problemen mit der Geistlichkeit. Gaudí ließ die Bauarbeiten unvollendet und konzentrierte sich von da an auf die Arbeiten an der Sagrada Família, wo er nicht mit Einschränkungen seines Schaffensdranges rechnen musste.

While Gaudí's reorganization of the interior was limited to a certain space, his numerous ironwork designs are found throughout the cathedral, including the exterior. Of particular interest are the doors and railings formed by adjoined circles and supported by spherical banisters.

Die Umstrukturierung des Innenraums sah auch zahlreiche Entwürfe für Schmiedearbeiten in der ganzen Kathedrale und sogar außerhalb vor. Besonders die Türen und Geländer aus aneinander gesetzten, von Rundstäben gehaltenen Ringen erwecken das Interesse des Betrachters.

Gaudí's intervention in the Cathedral of Palma de Mallorca complied with the ideals of an ecclesiastical reform that found it imperative to adapt the liturgy, which was slightly out of date, to the era's evolution of thought

Gaudís Arbeit an der Kathedrale von Palma de Mallorca orientierte sich an den Idealen einer Kirchenreform, die er für unumgänglich hielt. Diese sollte die unzeitgemäß gewordene Liturgie der geistigen Entwicklung seiner Zeit anpassen.

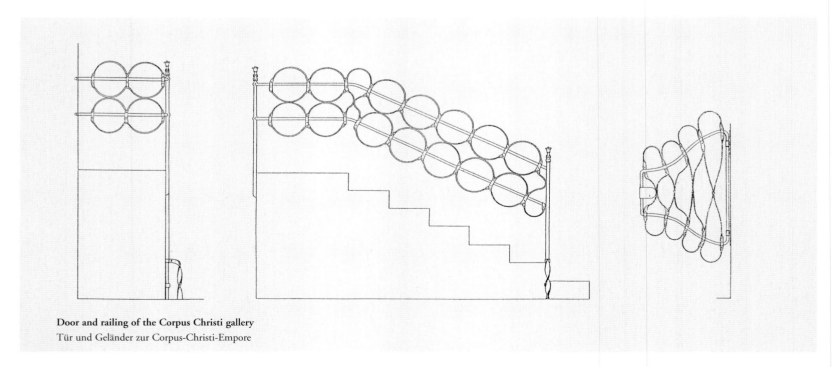

Door and railing of the Corpus Christi gallery
Tür und Geländer zur Corpus-Christi-Empore

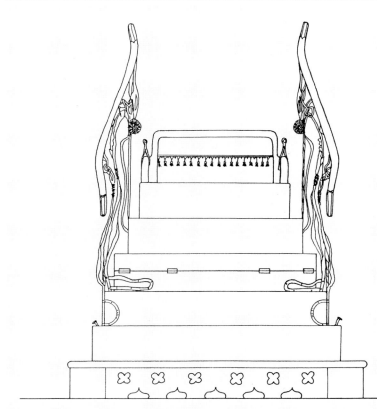

Stairway of the exhibition of the Holy Sacrament in the Chapel of the Pietà

Treppe zum Tabernakel in der Kapelle der Pietà

Gaudí's unmistakable designs are apparent in even the smallest details of the cathedral, such as the delicate wooden benches painted gold antique, or the ornaments displayed in the confessional.

Die unverwechselbaren Spuren Gaudís sind bis in die kleinsten Details zu finden, die der Besucher bei seinem Gang durch die Kathedrale entdeckt, so zum Beispiel die zierlichen, mit altgoldener Farbe bemalten Schemel oder die Verzierungen des Beichtstuhls.

The rings that hold up the columns of the central nave are situated 16 feet above ground and support candles with small trays that catch the wax. The structural system is comprised of pieces inserted in the stone, and rivets support the candelabras.

In einer Höhe von fünf Metern über dem Boden hängen Kandelaber an sämtlichen Säulen. Unterhalb der Kerzen sind kleine Auffangteller für das herunterfließende Wachs montiert. Die Kandelaber sind mit Bolzen an Eisenbändern befestigt, die in den Stein eingelassen sind.

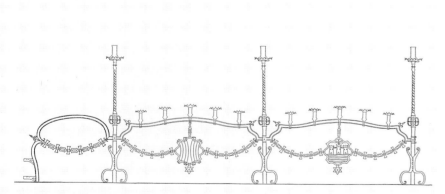

Railing of the presbytery
Geländer des Presbyteriums

Crown in the columns
Ringe an den Säulen

© Pere Planells

casa Batlló

Passeig de Gràcia, 43, Barcelona
1904–1906

*The polychromy of the stone, the ceramic pieces, and the stained glass windows are
a metaphor of a rural vision: Under the bruise color of the mountains are all the
luminous shades of morning dew*

*Die Vielfarbigkeit des Steins, die Keramiksteinchen und die Fenster: all das sind
Metaphern für den Zauber eines Sonnenaufgangs auf dem Lande. In den dunkel-
violetten Tönen der Berge sind alle funkelnden Nuancen des Morgentaus enthalten.*

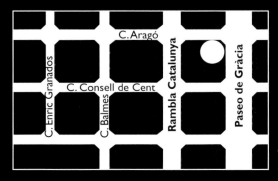

Closed to the public
Das Innere kann nicht besichtigt werden

The Batlló house is located between the Ametller house, by modernist architect Puig i Cadalfalch, and a traditional building of the Eixample neighborhood, designed by Emili Sala. The building was constructed in 1877 and its owner, the textile manufacturer Josep Batlló i Casanovas, commissioned Gaudí to remodel the façade and redistribute the courtyards. When Pere Milà, a friend of the industrialist, heard of Batlló's intention to update his house's image, he immediately presented him to Gaudí, of whom Milà was a fervent admirer. Even though the project meant working on an existing building, Gaudí gave the project his personal touch and the Batlló house became one of the most emblematic projects of his extensive career.

The exterior of the building demonstrates Gaudí's compositional sensitivity. The first floor is covered with stones from Marés and glass, while ceramic disks shroud the upper floors. During the renovation, the architect stood on the street and decided the position of each piece so that they would stand out and shine with impact. The workers put them up gradually, according to Gaudí's instructions. It has been suggested that the vitreous disks were placed according to the constellations in the dark blue vault. This manner of working—improving and perfecting an initial idea during the construction process—is recurring in all of Gaudí's works and reflects his dedication to his projects, which almost never reached completion. This method caused some bureaucratic problems, since the authorities needed, and still need, to approve finished projects. To avoid conflicts, Gaudí sketched the plans of his projects, allowing for their evolution during construction, so that the actual interventions would never contradict with the drawings. Nevertheless, authorities almost suspended the project when Gaudí defied ordinances by adding an intermediate floor and two bedrooms in the attic.

When the first rays of morning lsun shine on the façade of Casa Batlló, there is an iridescent effect and various plays of light

The façade features a constructional innovation that Gaudí would repeat in other works: a continual structure. In the columns of the second floor—which look like pieces of bone or the stems of bushes—the bases, shafts, and capitals are connected and form a whole. It's impossible to see where the elements join.

The poetry of the façade culminates in the roof of the attic, which is topped with pinkish-blue ceramic pieces in the form of scales and a final point, with a base of spherical and cylindrical pieces, which evokes the back of a dragon. Several studies of Gaudí's work have demonstrated that Gaudí intentionally included a dragon to pay tribute to the patron of Catalunya, Saint George, who, according to legend, killed the dragon to release the princess from his claws. On the rear part of the roof, the scales are replaced with small ceramic pieces in tones that range from pink to salmon.

Die Casa Batlló steht zwischen der Casa Ametller des modernistischen Architekten Puig i Cadalfalch und einem von Emili Sala entworfenen konventionellen Gebäude des Eixample. Das Bauwerk existierte bereits seit 1877, und sein Besitzer, der Textilfabrikant Josep Batlló i Casanovas, wollte die Fassade neu gestalten und die Lichthöfe anders anordnen. Als Pere Milà, ein Freund dieses Industriellen und glühender Bewunderer Gaudís, von Batllós Vorhaben erfuhr, sein Wohnhaus zu modernisieren, machte er ihn umgehend mit Gaudí bekannt. Obwohl er auf der Grundlage eines bereits vorhandenen Gebäudes arbeiten sollte, gelang es Gaudí, dem Projekt eine sehr persönliche Note zu geben, und so wurde das Haus zu einem der emblematischsten Werke seiner gesamten Laufbahn.

Die kompositorische Empfindsamkeit nimmt man bereits an der Fassade wahr, die in den unteren Etagen mit Marés-Stein und Glas und in den oberen Stockwerken mit Keramiksteinchen verkleidet wurde. Während der Bauarbeiten legte der Architekt von der Straße aus selbst die Position der einzelnen Teile fest, damit sie auffielen und in der richtigen Weise glänzten. Die Arbeiter brachten sie Gaudís Anweisungen gemäß nach und nach an. Es gibt sogar Stimmen, die behaupten, dass die Glasscheiben nach den Sternkonstellationen am Himmel angeordnet wurden. Diese Vorgehensweise, während des Bauprozesses von einer Anfangsidee ausgehend Verbesserungen und Perfektionierungen vorzunehmen, ist typisch für die Arbeit Gaudís. Sie spiegelt die große Hingabe an seine Pro-

Beim Auftreffen der ersten Strahlen der Morgensonne auf die Fassade der Casa Batlló erwacht ein faszinierend schillerndes Lichterspiel

jekten wider, die er übrigens selten als abgeschlossen betrachtete. Das brachte ihm einige Schwierigkeiten bürokratischer Art ein, da die Behörden nur abgeschlossene Projekte genehmigen durften und noch heute dürfen. Um diesen Konflikten aus dem Weg zu gehen, fertigte Gaudí gewöhnlich Planentwürfe seiner Arbeiten an und gestattete so deren Entwicklung im Verlauf der Arbeiten, ohne dass die architektonischen Eingriffe zu den Zeichnungen in Widerspruch standen. Dennoch waren die Behörden kurz davor, die Bauarbeiten abzubrechen, als Gaudí die Vorschriften missachtete, weil er ein Zwischenstockwerk und zwei Zimmer im Dachgeschoss hinzufügen wollte.

An der Fassade wird eine konstruktive Neuerung sichtbar, die sich später bei anderen Bauten wiederholen sollte: strukturelle Kontinuität. Bei den Säulen des zweiten Stocks, die wie knöcherne Strukturen oder Buschwerk erscheinen, sind Sockel, Schäfte und Kapitelle zu einem Ganzen verbunden. Es ist kaum möglich, die Gelenkstellen der einzelnen Elemente zu erkennen.

Die Poesie der Fassade gipfelt im Dach des obersten Geschosses: rosabläuliche Keramikziegel in Form von Schuppen mit einem First aus

A cylindrical tower decorated with anagrams of Jesus, Mary, and Joseph is crowned by a small convex cross made of Majorcan ceramics. However, despite Casa Battló's surprising and innovative geometry and colors, Gaudí kept its location in mind and adapted its height to that of the neighbouring buildings. On the roof, there are two groups of eight chimneys, some with warped forms due to the torsion of their tubes. The chimneys are re-covered with pieces of glass and colored tile on a mortar base. The water deposits are crowned by a spine of ceramic pearls in blue and green tones.

In the entryway, an oak staircase leads up to the main floor. From this level, the staircase moves laterally toward the upper floors, which contain rental housing barely touched by Gaudí. The staircase has an organic form. From the hallway, it appears like the column of a large vertebrate. The façades that surround it are painted to imitate the quartering of a mosaic.

A courtyard sits at the end of the hallway. Finished in blue ceramics, the space is topped by an enormous skylight that is supported by a system of laminated iron tie-beams with parabolic forms.

Inside the principal residence, there are various pieces of furniture designed exclusively for the Batlló family. Of special interest is the heat-resistant ceramic chimney that is surrounded by curvaceous chairs and wooden benches. Gaudí also collaborated with artists of the era, like Josep Maria Jujol, who designed the candelabras, and Josep Llimona, who created a wood oratory.

runden und zylindrischen Teilen erinnern an den Körper eines Drachen. Einige Forscher des Werkes Gaudís bestehen darauf, dass die Ähnlichkeit mit einem Drachen nicht zufällig sei, da sie eine Hommage Gaudís an den Schutzheiligen Kataloniens, den Heiligen Georg, sei. Wie die Legende berichtet, tötete dieser den Drachen, um eine Prinzessin aus seinen Klauen zu befreien.

Im hinteren Teil des Daches wurden die Schuppen durch kleine Keramikscherben ersetzt, deren Farbgebung die ganze Skala zwischen rosa und lachsfarben wiedergibt. Der zylinderförmige Turm ist mit Anagrammen von Jesus, Maria und Josef geschmückt und von einem kleinen, bauchigen Kreuz aus mallorquinischer Keramik gekrönt. Trotz der neuartigen, überraschenden Geometrie berücksichtigte Gaudí die Lage des Hauses und passte es der Höhe der Nachbargebäude an. Auf dem Dach befinden sich zwei Gruppen von acht Schornsteinen, von denen einige aufgrund der Krümmungen der Rohre gebogen sind. Auch sie sind mit Keramik und Glasstücken verkleidet. Die Wassertanks sind von einer Kette aus bläulichen und grünen Keramikperlen überzogen.

In der Eingangshalle führt eine Treppe aus Eichenholz zum ersten Stockwerk, von dem aus sie seitlich zu den Obergeschossen weiterläuft. Hier befinden sich die Mietwohnungen, die Gaudí kaum veränderte. Auch die Treppe nimmt organische Formen an. Von der Eingangshalle aus betrachtet, sieht sie wie das Rückgrat eines großen Wirbeltieres aus. Die sie umgebenden bemalten Wandflächen empfinden ein in seine Bestandteile zerlegtes Mosaik nach.

Am Ende der Eingangshalle befindet sich der Lichthof, der mit blauen Kacheln ausgestattet wurde und von einem Oberlicht erhellt wird. Die gigantische Konstruktion ruht auf einer Struktur von gewalzten Eisenbalken und zeigt parabolische Formen.

Das Innere der Wohnung im ersten Stock ist mit verschiedenen Möbelstücken ausgestattet, die exklusiv für die Familie Batlló entworfen wurden. Auch der Kamin ist eine Planung Gaudís. Er ist mit feuerfesten Kacheln verkleidet und wird von einer Sitzbank umgeben, die sich um die Feuerstelle schlängelt. Auch hier arbeitete Gaudí wieder mit namhaften Handwerkern seiner Zeit zusammen, so etwa mit Josep Maria Jujol, der einige Kandelaber entwarf, oder mit Josep Llimona.

© Joana Furió

Left: A small cross made of Majorcan ceramics adorns the roof's cylindrical tower.
Right: View into the courtyard. The layout of the tiles gradually darkens from white underneath to an intense blue above–an allusion to the sky.

Links: Ein kleines Kreuz aus mallorquinischer Keramik sitzt auf der Spitze des kleinen Turms auf dem Dach.
Rechts: Blick in den Lichthof, der mit der blauen Farbe der Kacheln spielt, die nach oben immer weiter zunimmt

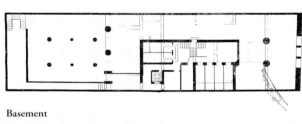

Basement
Souterrain

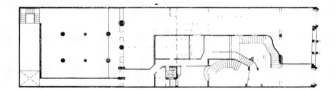

Ground floor
Erdgeschoss

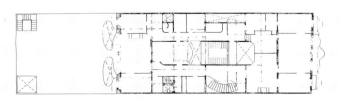

Second floor
Erster Stock

0 2 4

© Pere Planells

© Miquel Tres

Throughout the building, one can appreciate the architect's desire to create continuous spaces, since there are no arris, corners, or right angles. Partitions are created by curvaceous transitions that evoke organic forms.

In allen Zimmern wird das Bestreben des Architekten deutlich, kontinuierliche Räume zu schaffen, da weder Kanten, Ecken noch rechte Winkel vorkommen. Räumliche Trennungen entstehen durch kurvenförmige Übergänge, die an organische Formen erinnern.

The hall chimney is one of the practical devices used by Gaudí to endow the spaces with quality and comfort

Der Kamin im Vestibül ist einer der praktischen Einfälle, durch die Gaudí den Räumen Wärme und Behaglichkeit verlieh.

© Pere Planells

© Miquel Tres

The façade of Casa Batlló is a phenomenal exercise of composition. On the lower part, Gaudí modeled the stone as if it were a clay sculpture. The front is complemented by slender pillars with vegetable motifs and stained glass windows with colors that create various luminous tonalities in the interior.

Die Fassade der Casa Batlló ist eine wundersame Kompositionsübung. Im unteren Bereich wurde der Stein modelliert, als ob es sich um eine Skulptur aus Ton handelte, und durch feine Pfeiler mit Pflanzenmotiven und Fenster ergänzt, deren Farben die Fassade strukturieren und im Innern unterschiedliche Lichttöne erzeugen.

casa milà

Passeig de Gràcia, 92, Barcelona
1906–1910

"It would not surprise me if, in the future, this house became a hotel, given the easy way to change the distributions and the abundance of bathrooms"

»Es würde mich nicht wundern, wenn dieses Haus eines Tages als großes Hotel genutzt würde – schon deshalb, weil man die Grundrisse leicht verändern kann und es viele Badezimmer gibt.«

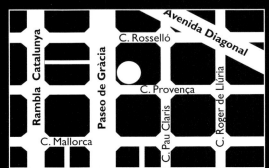

Hours: 10 a.m. to 8 p.m.
Entrance fee

Öffnungszeiten: 10–20 Uhr
Eintritt kostenpflichtig

The Milà house, located on the intersection between Passeig de Gràcia and Provença Street, rises up like a large, rocky formation. Ever since its construction, Barceloneses have called it "La Pedrera" ("The Stone Quarry"). Pere Milà and his wife Roser Segimón assigned the house to Gaudí, and it was the architect's last civil project, since he later withdrew to work on the Sagrada Família.

With this project, the artist wanted to make up for the lack of monuments in Barcelona, about which he often complained. His growing fervor for the Virgin Mary inspired a large building crowned by a bronze sculpture of the Virgin, the patron of the property, surrounded by the archangels Saint Michael and Saint Gabriel. The 4.5-meter work of art was sculpted by Carles Mani. The image was never used due to disagreements with the clients, but La Pedrera still features some religious inscriptions.

Due to the building's large dimensions, Gaudí limited the number of materials so that construction would be possible. He substituted load-bearing walls for a system of main beams and pillars, and carefully designed the links in order to reduce their section. He also envisioned a seemingly heavy and forceful façade, which, in reality, is formed by slim limestone plaques from Garraf on the lower part and from Vilafranca on the upper levels. The structure of the façade features a system of superimposed, self-supporting porches that are connected to the house by girders of various lengths. The balconies are situated so that the banisters do not block the exterior views.

"Vegetation is the means by which the earth becomes man's companion, his friend, his teacher"

The sinuous forms of the façade, so often compared to the swell of the sea, are complemented inside. In La Pedrera's interior, the right angle and fixed partition walls are nonexistent, and every detail is drawn to the millimeter. A good example of Gaudí's careful design are the level ceilings, which create numerous forms out of plaster: the foam of the waves, the petals of a flower, or the tentacles of an octopus. Also worth mentioning is the meticulous carpentry work of the windows and doors, the ironwork of the balconies that creates vegetable forms, and the hydraulic mosaics in various colors.

Die Casa Milà steht an der Ecke Passeig de Gràcia/Calle Provença. Sie sieht aus wie eine große Felsformation, weshalb die Einwohner Barcelonas sie seit Baubeginn »La Pedrera« (Steinbruch) nannten. Das Projekt geht auf einen Auftrag von Pere Milà und seiner Frau Roser Segimón zurück und ist der letzte weltliche Bau Gaudís, der sich anschließend in die Arbeit an der Sagrada Família zurückzog.

Gaudí bemängelte das Fehlen monumentaler Bauwerke in Barcelona. Mit diesem Gebäude wollte er Abhilfe schaffen. Seine zunehmende Marienverehrung drängte ihn dazu, ein großes, von einer bronzenen Skulptur gekröntes Gebäude zu ersinnen. Das von Carles Mani geschaffene 4,5 Meter hohe Werk, das die Heilige Jungfrau umgeben von den Erzengeln Michael und Gabriel darstellt, sollte zu Ehren der Schutzpatronin der Eigentümerin aufgestellt werden. Obwohl die Skulptur aufgrund von Unstimmigkeiten mit den Auftraggebern letztendlich nicht auf dem Gebäude angebracht wurde, verweisen dennoch einige erhalten gebliebene religiöse Inschriften auf Gaudís Vorhaben.

Das Gebäude hatte gewaltige Ausmaße, sodass sich Gaudí eine Möglichkeit zur Materialeinsparung ausdenken musste. Zunächst ersetzte er die tragenden Wände durch ein System von Balken und Säulen, auf deren Verbindungen er sein besonderes Augenmerk richtete, um ihren Querschnitt verringern zu können. Außerdem arbeitete er mit einer scheinbar soliden Fassade aus schwerem Stein, die aber in Wirklichkeit nur aus dünnen Kalksteinplatten bestand, die für den unteren Teil aus dem Garraf und für die oberen Stockwerke aus Vilafranca

»Die Vegetation ist das Mittel, das die Erde zur Gefährtin des Menschen werden lässt, zu seiner Freundin und Lehrmeisterin«

herangeschafft wurden. Die selbsttragende Fassade besteht aus einem System von übereinander liegenden Portiken, die durch unterschiedlich lange Eisenträger mit dem Haus verbunden sind. Die Balkonbrüstungen sind im Vergleich zu den Wohnungen abgesenkt, damit sie nicht die Aussicht versperren.

Die geschwungenen Formen der Fassade, die oft mit dem Wellengang des Meeres verglichen werden, finden ihre Entsprechung im Inneren. Dort gibt es keinen rechten Winkel, es existieren keine unverrückbaren Zwischenwände, und sämtliche Details sind millimetergenau gezeichnet. Ein gutes Beispiel ist der sorgfältig gearbeitete Stuck an den Plafonds, der Meerschaum, die Blütenblätter einer Blume oder die Arme eines Tintenfisches zeigt. Besondere Erwähnung verdienen auch die minutiösen Tischlerarbeiten an Fenstern und Türen sowie das florale Dekor der Schmiedeeisenarbeiten an den Balkonen.

© Joana Furió

The fantastic wrought-iron balconies display the wavy, undulating façade.
Die fantasievoll gestalteten Balkongitter nehmen die Wellenlinien der Fassade auf.

The entrance door also features a surprising display of ironwork: the glass is framed by irregular perimeters that widen to allow more light to flow in. The entrance leads to ramps that were designed for parking in an era in which cars were scarce.

Gaudí specially designed the interior distribution, the decoration and the furnishings for the Milà family. However, Roser Segimón never admired Gaudí's work and when he died in 1926, she totally remodeled the house by distributing it in a conventional manner and by adding classic furnishings. The original distribution was eventually recuperated when a cultural group acquired the building.

As in the Batlló house, Gaudí let his imagination run wild on the roof where the staircase boxes are extravagant volumes covered with small ceramic pieces. The helical forms of the chimneys emphasize the whirl of the smoke. The terracing of the roof creates distinct levels and paths that enrich the use of this open-air space. In the attic, these irregularities are absorbed by a series of catenary arches whose height varies according to the width of the bay. The construction of the attic was controversial since it surpassed the city ordinances for height by four meters. Gaudí also disobeyed city norms for the balconies and columns. However, in the end, Barcelona's City Hall recognized the building's artistic value and allowed Gaudí to exceed urban requisites.

Even though Gaudí never finished the project because of a disagreement with the client, Casa Milà is one of the most complete examples of Gaudí architecture. The house displays intelligent constructional solutions, a striking compositional sensibility and an exuberant imagination.

La Pedrera and other projects by Gaudí were declared World Heritage Sites by UNESCO in 1984.

Die Eingangstür zu dem Gebäude stellt Schmiedeeisen in den Vordergrund: das Glas ist unregelmäßig eingefasst und nimmt immer mehr Raum ein, je weiter man nach oben kommt, um immer mehr Licht einzulassen. Vom Eingang gelangt man zu Rampen, die der Architekt schon damals als Zufahrt zum Parkplatz für die in jener Zeit noch kaum vorhandenen Autos vorgesehen hatte.

Gaudí richtete seinen Entwurf nach den Wünschen der Familie Milà: die Innenaufteilung, das Dekor und das Mobiliar. Roser Segimón war aber nie eine große Anhängerin Gaudís, weshalb sie nach seinem Tod im Jahre 1926 das Haus vollständig umbauen ließ. Sie trennte den Wohnraum auf herkömmliche Weise und bestückte ihn mit klassischen Möbeln. Dadurch, dass das Gebäude von einer Kulturinstitution übernommen wurde, konnte die ursprüngliche Raumaufteilung wieder hergestellt werden.

Genauso wie bei der Casa Batlló ließ Gaudí seiner Fantasie auf dem Dach freien Lauf: Ebenso wie die Treppenhäuser, die zu extravaganten Räumen werden, sind auch die Schornsteine mit Mosaiken verkleidet, deren Spiralform zudem die wirbelnde Bewegung des Rauchs nachempfindet. Die Terrassenanlage auf dem Dach schafft unterschiedliche Ebenen und Wege. Im Dachgeschoss werden diese verschiedenen Ebenen durch eine Reihe von Rundbögen mit unterschiedlicher Spannweite aufgefangen. Die Errichtung des Dachgeschosses rief enorme Diskussionen hervor. Die Stadtverwaltung hätte seine Fertigstellung fast verboten, weil es die in den Vorschriften festgelegte Höhe um vier Meter überschreitet. Aber das war nicht der einzige Streitpunkt: Gaudí verletzte mit den Balkonen und Säulen weitere Normen. Doch schließlich gab die Stadtverwaltung nach. Man hatte den künstlerischen Wert des Bauwerks erkannt und es von der Einhaltung der städtebaulichen Richtlinien freigestellt.

Unstimmigkeiten mit den Kunden führten dazu, dass der Architekt das Projekt unvollendet ließ. Dennoch ist die Casa Milà eines der am vollständigsten erhaltenen Gebäude Gaudís.

La Pedrera wurde, wie auch andere Projekte Gaudís, von der UNESCO im Jahre 1984 zum Weltkulturerbe erklärt.

© Joana Furió

© Pere Planells

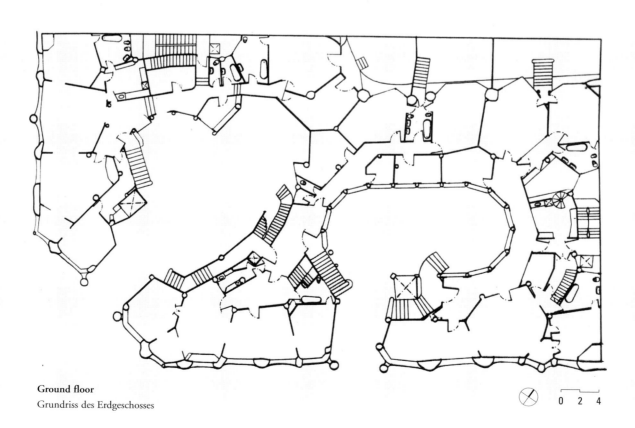

Ground floor
Grundriss des Erdgeschosses

0 2 4

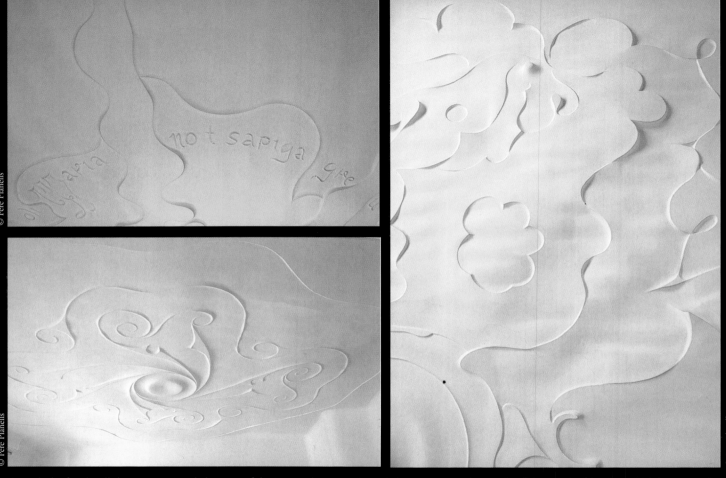

As with the façade, all the constructional elements of the interior have a sculptural character. A good example of this are the false that which have no right angles. The forms that adorn the plaster finishes evoke the foam of waves and reproduce floral motifs and inscriptions, most of them religious.

Wie bei der Fassade wirken auch sämtliche Bauelemente im Innern wie Skulpturen. Ein Beispiel hierfür sind die Zwischendecken, die niemals rechte Winkel aufweisen. Die Stuckarbeiten erinnern an die bewegte Oberfläche des Meeres, empfinden florale Motive nach oder zeigen religiöse Inschriften.

The chimneys on the terrace roof lok like mythical creatures and rise up above the façade of Casa Milà, so that pedestrians can admire them from the Passeig de Gràcia. Some of the chimneys are covered with small colored ceramic pieces (trencadís) and others with glass chips from champagne bottles.

Die wie Fabeltiere oder Figuren gestalteten Schornsteine ragen über die Fassade der Casa Milá hinaus, sodass die Fußgänger auf dem Paseo de Gracia sie von der Straße aus bewundern können. Einige wurden mit kleinen farbigen Keramikscherben verziert, andere mit Glasscherben von Champagnerflaschen verkleidet.

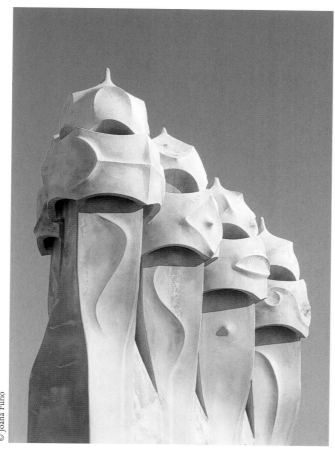

Artigas Gardens

Die Artigas-Gärten

La Pobla de Lillet, Lleida
1905

Even though Gaudí used similar resources to those of Park Güell, here he included an element absent in other projects: water, which he used to create a fantastic, moist garden

Gaudí verwendete ähnliche Mittel wie im Park Güell, verfügte hier aber über ein zusätzliches Element: Wasser. Er verstand es so geschickt einzusetzen, dass hier ein fantastischer Feuchtgarten entstand.

Hours: October to June Saturday 11 a.m. to 2 p.m. and 4 p.m. to 6 p.m., Sunday 11 a.m. to 2 p.m.; July to September everyday 11 a.m. to 3 p.m. and 4 p.m. to 8 p.m.
Free entry

Öffnungszeiten: Oktober bis Juni Samstag 11–14 Uhr und 16–18 Uhr, Sonntag 11–14 Uhr; Juli bis September täglich 11–15 Uhr und 16–20 Uhr
Eintritt frei

After an extensive study conducted by the Gaudí Real Cátedra, it was determined that Gaudí had in fact designed the gardens surrounding the old Artigas factory, in the province of Lleida. The architect received the assignment when he visited the prosperous industrialist, Joan Artigas i Alart, at his home in La Pobla de L'Illet.

The estate is located on the banks of the Llobregat River, near its source. This presented the architect with the opportunity to design the only watery garden he would create during his career. The site is elongated and follows the course of the river. A bridge marks the natural entrance to the property and leads the visitor to a cave and a spectacular natural fountain called La Magnèsia , the name by which the project is widely known.

A winding path leads to the second bridge where Gaudí intervened by building a small cylindrical arbour surrounded by walls

The garden path follows the Llobregat river in its first stretch made of dry stone and covered with a pointed dome. Further along the path, the visitor reaches the last bridge that Gaudí designed. The stones of this bridge are placed to resemble stalactite. One of the extremes transforms into a pergola that shelters visitors from inclement weather.

In order to trace and embellish the site's path along the river, Gaudí also added numerous flowerbeds and indigenous bushes. He put up small walls with little ceramic pieces and placed various sculptures around the park, including animal figures made of stone.

Even though Park Güell was designed on dry land, it shares certain similarities with the Artigas Gardens: the symbolism of the sculptures, the use of stone and wood, and the planting of species like yuccas, palm trees, and rosebushes.

Eine ausführliche Studie des Königlichen Gaudí-Lehrstuhls stellte fest, dass die Gärten, welche die alte Artigas-Fabrik in der Provinz Lleida umgeben, von Gaudí entworfen wurden. Der Architekt besuchte den wohlhabenden Industriellen Joan Artigas i Alart in seinem Haus in La Pobla de l'Illet, wo er den Auftrag für den Entwurf des Gartens erhielt.

Das Gut liegt an der Quelle des Flusses Llobregat, was dem Architekten die Gelegenheit gab, einen Feuchtgarten anzulegen – den einzigen in seinem Werk. Das Grundstück ist lang gezogen und folgt in seiner ganzen Ausdehnung dem Verlauf des Flusses. Eine Brücke markiert den natürlichen Eingang zum Komplex und führt den Besucher zu einer Grotte und zu einer eindrucksvollen natürlichen Quelle. Sie heißt La Magnèsia und gab dem Projekt den Namen, unter dem es landläufig bekannt ist.

Ein Weg schlängelt sich zur zweiten Brücke. Hier errichtete Gaudí eine kleine runde Laube aus Trockensteinmauerwerk, die von einer spitz zulaufenden Kuppel überdacht ist. Folgt man dem Weg weiter, so gelangt man zur letzten von Gaudí gebauten Brücke, von der Steine wie Stalaktiten

Die Anlage des Gartens begleitet den Llobregat, der hier seine Quelle hat, in seinem ersten Abschnitt

herabhängen. Ein Ende der Brücke wird zur Pergola, die den Besuchern bei schlechtem Wetter Schutz bietet.

Gaudí entwarf auch zahlreiche Rabatten mit einheimischen Blumen und Büschen, errichtete kleine mit Keramik verkleidete Mauern und verteilte mehrere Skulpturen über den ganzen Park, unter denen besonders die steinernen Tierfiguren hervorzuheben sind.

Auch wenn der Park Güell ein Projekt auf trockenem Grund war, sind doch die Ähnlichkeiten mit den Artigas-Gärten unverkennbar: die Symbolik der Skulpturen, die Verwendung von Stein und Holz sowie die Anpflanzung von Yuccas, Palmen und Rosensträuchern, die vom Park Güell herangeschafft wurden.

Photographs of Artigas Gardens: **Miquel Tres** Fotos der Artigas-Gärten: Miquel Tres

Even though sculptural symbolism is repeated in most of the genius architect's projects, the figures of this work do not represent any story. They are only figures of animals and characters, and have nothing to do with mythology or religion.

Auch wenn die Symbolik der Skulpturen sich in sämtlichen Projekten des genialen Architekten wiederholt, so entstammen die Figuren dieses Werkes doch keiner Geschichte. Sie sind lediglich Darstellungen von Tieren oder Menschen und haben nichts mit Mythologie oder Religion zu tun.

unbuilt projects
nicht realisierte projekte

unbuilt projects
nicht realisierte projekte

When the crypt of the Sagrada Família burned in 1936, much of the architect's graphic documentation was destroyed. However, Gaudí was not an architect who relied solely on plans; he also worked with models and preferred to make changes during the construction as the project developed. The lack of information has led to much speculation about his creations. Almost a century later, we are still discovering new work by the brilliant architect. This book presents only a few of the projects that he designed but never constructed. We feature some of the most important ones in this chapter.

Mit dem Brand in der Krypta der Sagrada Família im Jahr 1936 ging umfassendes grafisches Dokumentationsmaterial verloren, das der Architekt dort aufbewahrt hatte. Zudem war Gaudí nie ein Freund von Zeichnungen, da er viel mit Modellen arbeitete und im Zuge der fortschreitenden Arbeiten häufig Änderungen an den Bauwerken vornahm. Dieser Mangel an Information gab zu zahlreichen Spekulationen über sein Schaffen Anlass, und auch nach fast einem Jahrhundert werden immer wieder neue Beweise für die Tätigkeit des genialen Architekten entdeckt. Es ist nicht verwunderlich, dass Unterlagen zu seinen nicht verwirklichten Projekten nur spärlich vorhanden sind. Daher werden in diesem Kapitel lediglich einige der bedeutendsten vorgestellt.

The Marquis of Comillas commissioned Gaudí to design a building for Franciscan missionaries in the Moroccan city of Tangier. After a trip to the site in 1892, Gaudí began to draw the project, which he finished the following year.

Im Auftrag des Grafen von Comillas entwarf Gaudí ein Gebäude für die Franziskaner-Missionare in der marokkanischen Stadt Tanger. Nach einer Reise zu den Mönchen im Jahre 1892 begann er mit den Entwürfen für das Projekt, die er im darauffolgenden Jahr beendete.

In 1882, Gaudí designed a hunting pavilion for Eusebi Güell on an extensive property that Güell owned on the coast of Garraf, south of Barcelona. The pavilion was never constructed. Instead, Gaudí built Bodegas Güell on the land, with the collaboration of Francesc Berenguer. The pavilion is reminiscent of the Vicenç house and "El Capricho," two buildings that he designed during the same era.

In 1876, when Gaudí was still studying at Barcelona's Escuela Técnica Superior de Arquitectura, he designed the colonnade of a covered patio for the Council of Barcelona. The capitals and the arches are decorated with floral motifs that Gaudí repeated in many of his works.

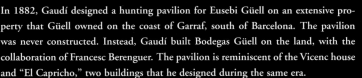

1882 entwarf Gaudí einen Jagdpavillon für Eusebi Güell auf einem ausgedehnten Gut, das der Mäzen südlich von Barcelona an der Küste des Garraf besaß. Er wurde nie gebaut, aber auf demselben Gelände errichtete der Architekt in Zusammenarbeit mit seinem Kollegen Francesc Berenguer die Bodegas Güell. Der Pavillon erinnert an die Casa Vicens und an »El Capricho«, beides Werke, an denen er in jener Zeit arbeitete.

1876, während Gaudí noch an der Hochschule für Architektur in Barcelona studierte, entwarf er die Kolonnade eines überdachten Innenhofes für die Provinzialverwaltung von Barcelona. Kapitelle und Bögen waren mit floralen Motiven verziert, die sich im Laufe seines Schaffens immer wiederholen sollten.

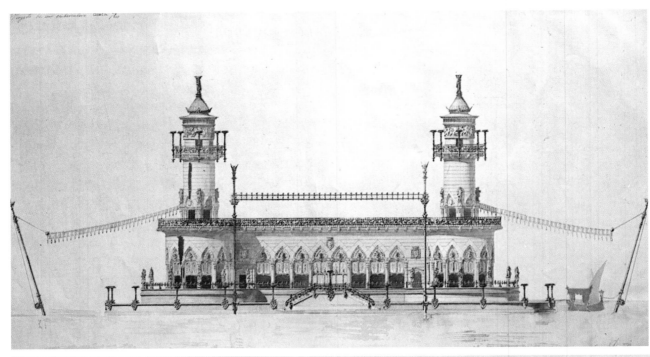

Though Gaudí did not win the special prize that he longed for with this project, he did demonstrate that, even as a student, his skill and imagination had no limits. The drawing's details and formal complexity reveal the young architect's talent.

Auch wenn Gaudí nie den mit diesem Projekt angestrebten Sonderpreis erhielt, so bewies er doch bereits während seiner Zeit als Student, dass sein Fachwissen und sein Einfallsreichtum keine Grenzen kannten. Die Detailgenauigkeit und die formale Komplexität der Zeichnungen lassen das enorme Talent des Genies erahnen.

In 1908, an American businessman, seduced by Gaudí's talent, commissioned him to design a large hotel in Manhattan. The architect envisioned an ambitious, 987-foot high building tha recalled the Sagrada Família. Only a few original drawings remain of the project.

1908 gab ein nordamerikanischer Unternehmer, der von seinem Talent begeistert war, Gaudí den Auftrag zum Entwurf eines großen Hotels in Manhattan: ein ehrgeiziges Pojekt für ein Gebäude von 300 Metern Höhe, das an die Sagrada Família erinnerte und von dem nur noch einige Originalzeichnungen erhalten sind.

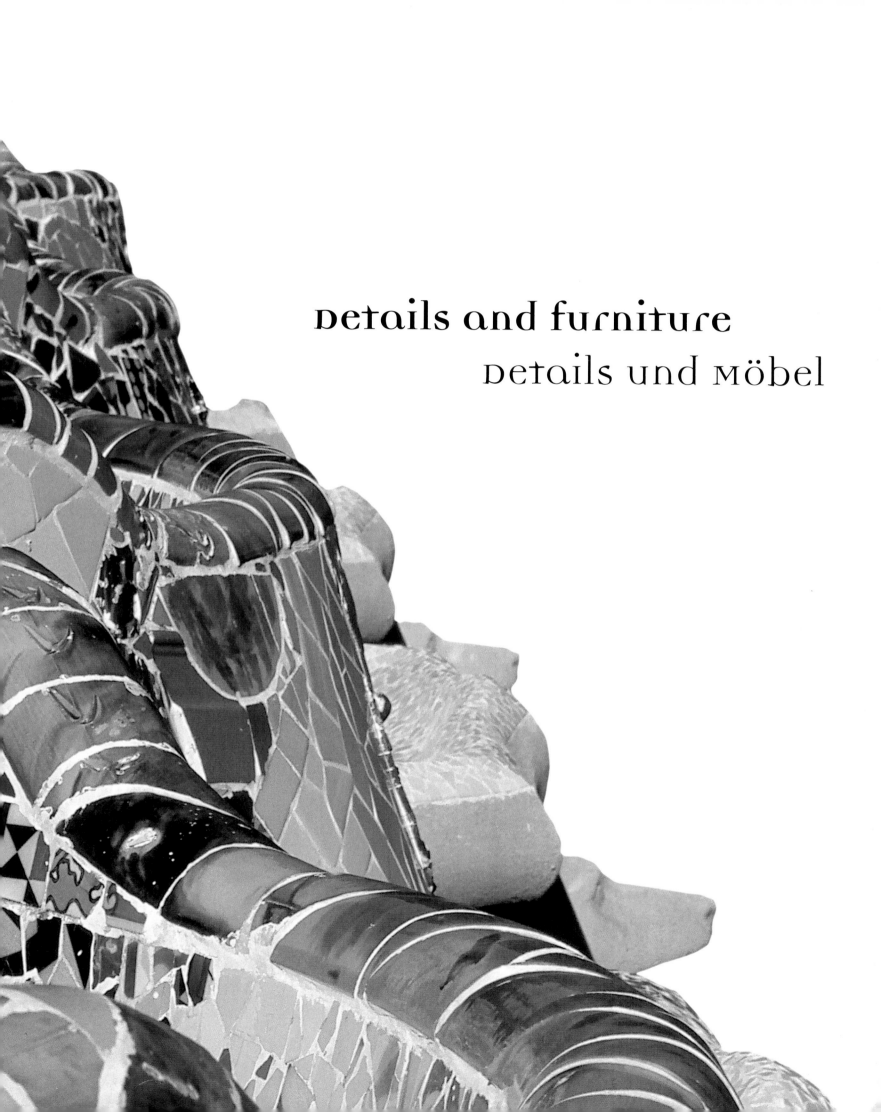

Details and furniture

Details und Möbel

stained glass windows

Buntglasfenster

The possibility of manufacturing thicker glass in different colors encouraged the use of stained glass windows. As ornamentation, vegetable elements and polychromes dominate and bathe the interiors with a varied and beautiful light.

Die Möglichkeit, auch stärkeres Glas in verschiedenen Farben herzustellen, veranlasste Gaudí, zunehmend Buntglasfenster einzusetzen. Farbigkeit und pflanzliche Elemente dominieren dabei und tauchen die Räume in ein wechselndes, eigentümliches Licht.

Stained glass windows are an important element in Gaudí's work. The windows reaffirm the modernist effort to integrate the arts into the functional aspects of architecture and recuperate artistic traditions that had faded over the years.

Buntglasfenster spielen eine wichtige Rolle in Gaudís Entwürfen. Sie unterstreichen die moderne Idee, die Funktionalität der Architektur mit Elementen anderer Künste zu verbinden und gleichzeitig handwerkliche Traditionen wieder aufleben zu lassen, die im Laufe der Jahre verloren gegangen waren.

chimneys
schornsteine

The diverse figures that cover the terrace roofs of buildings like the Pedrera or Palau Güell are enigmatic chimneys or ventilation tubes that once again demonstrate Gaudí's creative talent.
Wie rätselhafte Wesen aus einer anderen Welt wirken die Formen der Schornsteine und Belüftungsrohre, von denen es auf den Dachterrassen der Pedrera oder des Palau Güell nur so wimmelt.

Some of the chimneys look like medieval warriors. They are crowned with forms inspired by nature or covered with "trencadís" to break the chromatic monotony. Gaudí even applied his imagination to the areas that are out of sight, like the flat roofs.

Die Schornsteine werden zu Skulpturen, indem sie beispielsweise mittelalterliche Krieger darstellen. Sie wirken organisch, von der Natur inspiriert. Um auch farblich keine Langeweile aufkommen zu lassen, hat Gaudí sie mit »trencadís«, farbigen Keramikscherben, verkleidet. Sein Ideenreichtum machte selbst vor den Dachterrassen nicht Halt, die man normalerweise nicht sieht.

ceramics
kacheln

Gaudí resurrected the use of ceramics, another old decorative technique used in the Mediterranean zones. He managed to create surprising decorative images with tile, starting with daily and conventional elements.

Die Verwendung von Fliesen ist eine weitere in Vergessenheit geratene Technik zur Ausschmückung von Räumen und Gebäuden im Mittelmeerraum, die von Gaudí wiederentdeckt wurde. Durch den geschickten Einsatz von Kacheln erzielte er überraschende dekorative Effekte.

Gaudí combined the influence of historic tradition with ornamental ideas from other cultures. The Oriental and Islamic cultures frequently inspired his decorative finishes in which ceramics, presented in a variety of forms, play a prominent role.

Gaudí versteht es, traditionelle Techniken und dekorative Elemente anderer Kulturen miteinander zu kombinieren. Oftmals lässt er sich dabei von Orient und Islam inspirieren – Kulturen, in denen Kacheln als schmückendes Element eine wichtige Rolle zukommt.

wrought iron

schmiedeeisen

With the help of expert artisans, Gaudí molded iron at will and made this material–new in his days–take on expressive forms full of symbolism.

Bei fachkundigen Handwerkern ließ Gaudí Eisen nach seinen Vorstellungen schmieden und erreichte damit, dass dieser Werkstoff – zu jener Zeit neuartig – Formen voll intensiver Ausdruckskraft und Symbolik annahm.

Railings, windows, grates, banisters, doors, balconies, and benches...all were susceptible to reinterpretation in wrought iron. Gaudí designed these elements for functional purposes, but also for ornamentation.

Gitter, Fenster, Zäune, Geländer, Türen, Balkone, Bänke ... alles bietet sich dazu an, neu gedeutet und in Schmiedeeisen hergestellt zu werden. Für Gaudí sind es bauliche Elemente, die aber auch einem ornamentalen Anspruch deutlich standhalten müssen.

furniture
möbel

Gaudí's imagination had no limits when it came to designing spaces and buildings. Nevertheless, his work always presented a pronounced rationalism and a deep knowledge of architectural norms. His contributions to the world of furniture design also featured this double virtue: functionality and originality.

Gaudí liked to be fully involved in every aspect of his projects. The pleasure of design inspired him to create furnishings and numerous decorative elements for both, interiors and exteriors, including doors, spyholes, knobs, flowerpot holders, lamps, railings, and balconies.

His furniture designs featured solid forms and simple profiles. In a way, his pieces revived the definitive lines of medieval furnishings, while displaying the lively, sinuous, and zigzagging lines that are his trademark.

Gaudí tended to mix styles, which gave his furnishings a personal touch and a sculptural feel. Created in an artisan manner, his furniture combined ergonomics with beautiful and well-defined lines, often inspired by organic forms.

Der Einfallsreichtum Gaudís, was Entwürfe für Räume und Gebäude anging, kannte keine Grenzen. Dennoch waren seine Werke stets von ausgeprägter Rationalität und einer tiefgreifenden Kenntnis architektonischer Regeln gekennzeichnet. Seine Arbeit auf dem Gebiet des Möbeldesigns zeugt ebenfalls von diesem Wissen.

Das Bedürfnis Gaudís, in jedem seiner Werke ganz und gar aufzugehen, sowie seine Lust am Entwerfen ließen den Architekten auch Möbelstücke und zahlreiche Elemente für Innen- und Außendekoration wie Türen, Gucklöcher, Türgriffe, Halter für Blumentöpfe, Lampen, Gitter, Balkone und vieles mehr erschaffen.

Seine Möbel besitzen kräftige Formen und einfache Profile. In gewisser Weise greifen sie auf die einfachen Linien mittelalterlicher Möbel zurück und verbinden sie mit den für Gaudí so charakteristischen Zickzacklinien und lebendigen, geschwungenen Formen.

Die von Gaudí gern verwendete Stilmischung drückte seinen an Skulpturen erinnernden Stücken ihr persönliches Siegel auf. Alle Möbel sind handgefertigt und vereinen Ergonomie harmonisch mit schönen, klar umrissenen Linien, die meist von organischen Formen inspiriert sind.

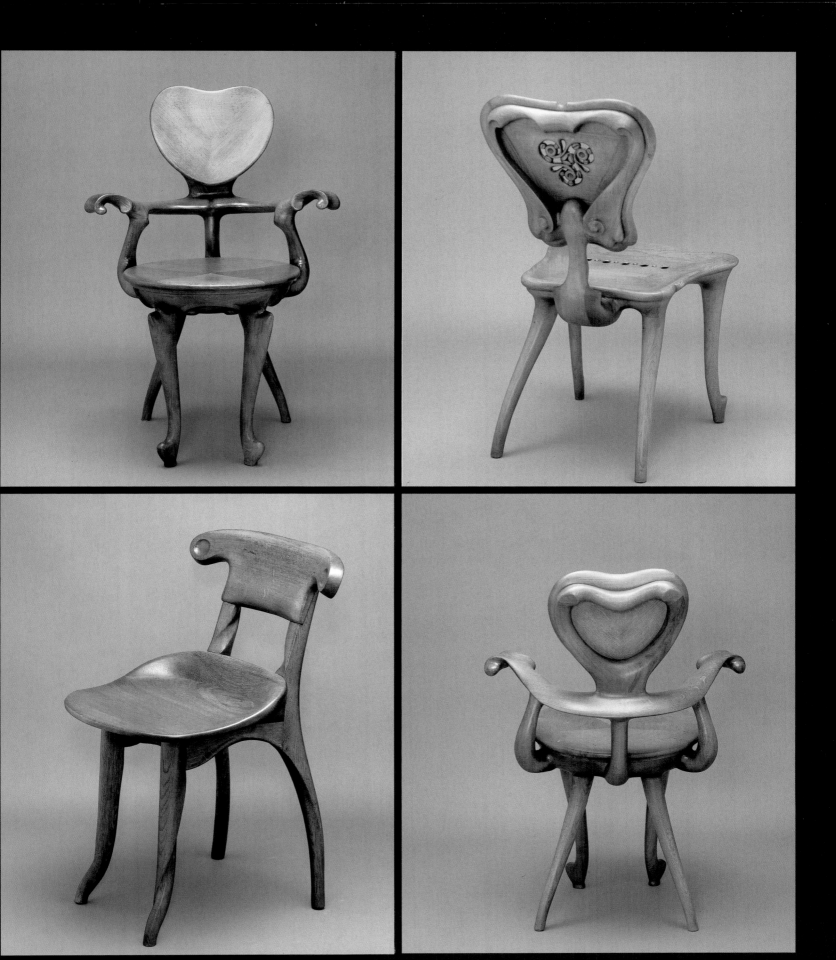

These chairs, made of carved and polished oak wood, feature striking lines and sinuous forms that border on surrealism. The architect designed the chairs for Casa Calvet and Casa Batlló in 1903 and 1905.

Geschnitztes und poliertes Eichenholz, deutlich geschwungene und schon beinahe surrealistische Formen kennzeichnen diese Stühle. Der Architekt entwarf sie für die Casa Calvet und die Casa Batlló 1903 und 1905.

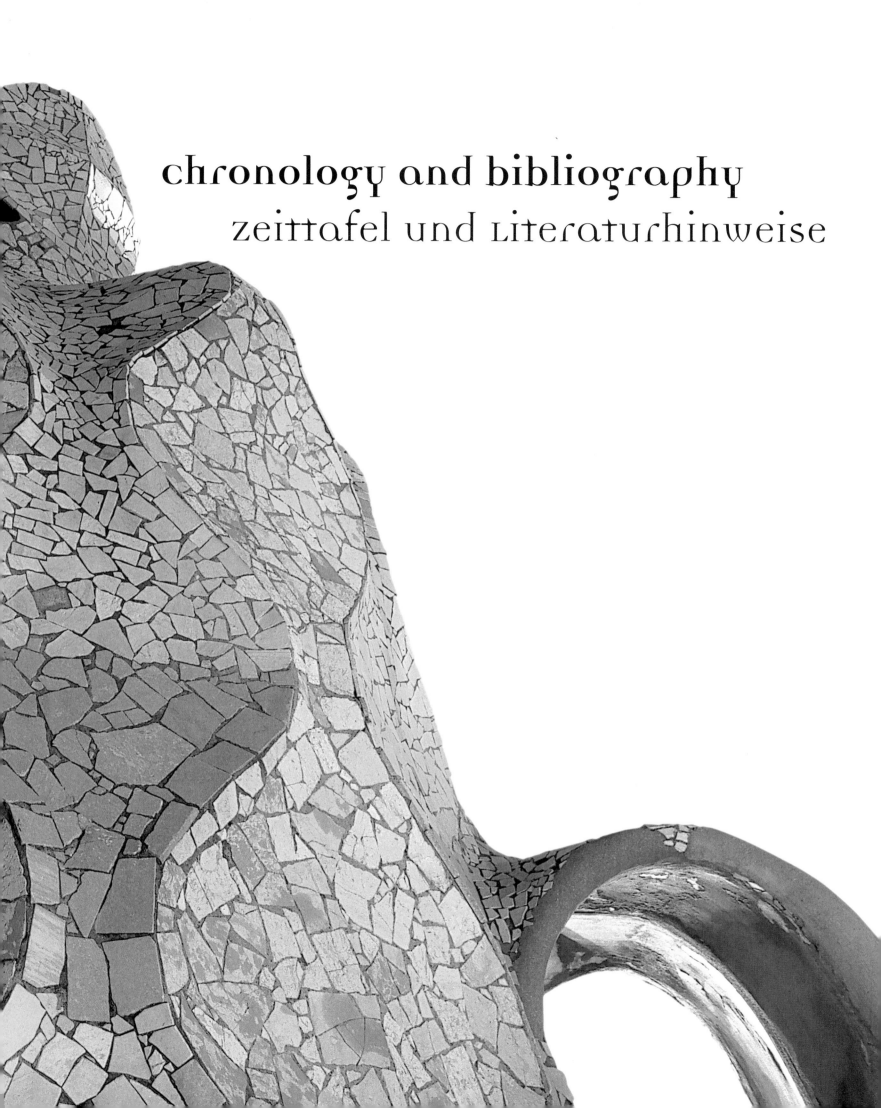

chronology and bibliography
zeittafel und Literaturhinweise

chronology of the life and work of antoni gaudí

1852	aBorn in Reus, Tarragona; son of Francesc Gaudí i Serra and Antònia Cornet y Bertran.
1867	First drawings in the magazine "El Arlequín" of Reus, Tarragona.
1867–1870	Collaborated with Josep Ribera and Eduard Toda on the restoration of the Poblet monastery.
1873–1878	Studies at the Escuela Técnica Superior de Arquitectura de Barcelona.
1876	Design for the Spanish Pavilion of the Exhibition of the Centennial of Philadelphia. School projects: patio of a Provincial Delegation and a jetty. Death of his mother.
1877	Design of a monumental fountain for Plaça Catalunya, Barcelona. Plans for the Hospital General in Barcelona. Designed an auditorium as the final project for his degree.
1878	Design of the streetlamps for Plaça Reial (inaugurated in September 1879). Draft of Casa Vicenc. Store window for the glove shop of Esteban Comella, which captured the attention of Eusebi Güell, who became his patron.
1882	Collaboration with Josep Fontserè on the Parc de la Ciutadella. Gaudí personally designed the entrance doors and the cascade.
1878–1882	Design of the Textile Worker's Cooperative of Mataró. Plan for a kiosk for Enrique Girosi.
1879	Decoration of the pharmacy Gibert on Passeig de Gràcia in Barcelona (demolished in 1895). The death of his sister Rosita Gaudí de Egea.
1880	Plan for the electrical illumination of the seawall in collaboration with Josep Serramalera.
1882	Design of a hunting pavilion commissioned by Eusebi Güell on the coast of Garraf, Barcelona.
1883	Drawing of the altar for the Santo Sacramento chapel for the parochial church of Alella, Barcelona.
1883–1888	House for the tile manufacturer Don Manuel Vicens on Carolines Street in Barcelona. In 1925, the architect Joan Baptista Serra Martínez enlarged the space between two supporting walls, modifying the walls and the property limits.
1883–1885	House for Don Máximo Díaz de Quijano, widely known as "El Capricho", in Comillas, Santander. The head of construction was Cristóbal Cascante, architect and school companion of Gaudí.
1884–1887	Pavilions of the Finca Güell: caretaker's quarters and stables on Avenida Pedralbes in Barcelona. The pavilions now house the headquarters of the Real Cátedra Gaudí, inaugurated in 1953, belonging to the Escuela Técnica Superior de Arquitectura de Barcelona.
1883–1926	Temple Expiatori de la Sagrada Família.
1886–1888	Palau Güell, residence of Eusebi Güell and his family on Nou de La Rambla Street in Barcelona. Since 1954, the building has housed the headquarters of Barcelona's Museum of Theatre.
1887	Drawing of the Pavilion of the Transatlantic Company, at the Naval Exhibition in Cádiz.
1888–1889	Palacio Episcopal de Astorga, León. Gaudí received the assignment from the bishop of Astorga, Joan Baptista Grau i Vallespinós. In 1893, due to the bishop's death, he abandoned the project, which Ricard Guereta later finished.
1889–1893	Colegio de las Teresianas on Ganduxer Street in Barcelona, commissioned by Enrique d'Ossó, founder of the Order.

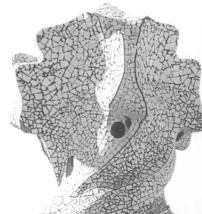

1892–1893	The home of Fernández Andrés, widely known as "Casa de los Botines," in León.
1895	Bodegas Güell on the coast of Garraf, Barcelona, with the collaboration of Francesc Berenguer.
1898–1900	Casa Calvet, on Caspe Street in Barcelona.
1900–1909	Home of Jaume Figueres, known as "Bellesguard." Joan Rubió i Bellver helped manage the project.
1900–1914	Park Güell, on Barcelona's "Bald Mountain," commissioned by Eusebi Güell and with the collaboration of Josep Maria Jujol. In 1922, it became municipal property.
1901–1902	Door and wall of the estate of Hermenegild Miralles on Passeig Manuel Girona in Barcelona.
1902	Reform of the house of the Marqués of Castelldosrius, on Nova Junta de Comerç Street in Barcelona. Decoration of Café Torino, commissioned by Ricard Company and with the collaboration of Pere Falqués, Lluís Domènech i Montaner, and Josep Puig i Cadafalch. The café, which no longer exists, was located on Passeig de Gràcia in Barcelona.
1903–1914	Reformation of the Cathedral de Palma de Mallorca, commissioned by Pere Campins, with the collaboration of Francesc Berenguer, Joan Rubió i Bellver, and Josep Maria Jujol.
1904	House project for Lluís Graner.
1904–1906	Reformation of Casa Batlló on Passeig de Gràcia in Barcelona, commissioned by Josep Batlló i Casanovas, with the collaboration of Josep Maria Jujol.
1906	Death of his father.
1906–1910	Casa Milà, widely known as "La Pedrera" on Passeig de Gràcia in Barcelona, commissioned by Rosario Segimon de Milà, with the collaboration of Josep Maria Jujol.
1908–1916	Crypt of the Colònia Güell, in Santa Coloma de Cervelló, Barcelona. Construction began in 1908 and was supervised by Francesc Berenguer. Consecration took place November 3, 1915.
1908	Gaudí received the assignment to design a hotel in New York City, which remained only a sketch.
1909–1910	Schools of the Temple Expiatori de la Sagrada Família.
1910	The work of Gaudí is displayed at the Société Nationale de Beaux-Arts in Paris.
1912	Pulpits for the parochial church of Blanes, Girona. Death of his niece Rosa Egea i Gaudí, age 36.
1914	Death of his friend and collaborator Francesc Berenguer. Decides to work exclusively on the Sagrada Família.
1923	Studies for the chapel of the Colònia Calvet in Torelló, Barcelona.
1924	Pulpit for a church in Valencia.
1926	Gaudí is hit by a tram on June 7 and dies three days later at Hospital de la Santa Creu in Barcelona.

antoni gaudí: leben und werk

1852	Geburt in Reus, Tarragona; Sohn von Francesc Gaudí i Serra und Antònia Cornet y Bertran
1867	Erste Zeichnungen in der Zeitschrift »El Arlequín« in Reus, Tarragona
1867–1870	Zusammenarbeit mit Josep Ribera und Eduard Toda am Projekt der Restaurierung des Klosters Poblet
1873–1878	Studium an der Hochschule für Architektur in Barcelona
1876	Projekt für den spanischen Pavillon der Ausstellung zur Hundertjahrfeier von Philadelphia Projekte im Rahmen des Studiums: Innenhof der Provinzialverwaltung sowie eine Bootsanlegestelle Tod der Mutter
1877	Projekt eines monumentalen Springbrunnens für die Plaça Catalunya, Barcelona. Projekt für das Krankenhaus Hospital General in Barcelona. Entwurf einer Aula als Studienabschlussprojekt.
1878	Projekt der Laternen der Plaça Real (eingeweiht im September 1879). Vorprojekt für die Casa Vicenç. Schaufenster für den Handschuhmacher Esteban Comella. Das Schaufenster erregt die Aufmerksamkeit von Eusebi Güell, der sein Mäzen wird.
1882	Zusammenarbeit mit Josep Fontserè im Parc de la Ciutadella. Die Eingangstore und die Kaskade sind fast vollständig von Gaudí entworfene Projekte.
1878–1882	Projekt der Textilarbeitergenossenschaft von Mataró. Projekt eines Kiosks für Enrique Girosi
1879	Dekoration der Apotheke Gibert am Passeig de Gràcia in Barcelona (1895 abgerissen) Tod seiner Schwester Rosita Gaudí de Egea
1880	Projekt für die elektrische Beleuchtung der Meerespromenade in Zusammenarbeit mit Josep Serramalera
1882	Projekt für einen Jagdpavillon im Auftrag Eusebi Güells an der Küste des Garraf, Barcelona
1883	Zeichnung des Altars für die Kapelle des Heiligen Sakraments der Gemeindekirche von Alella, Barcelona
1883–1888	Haus für den Kachelfabrikanten Don Manuel Vicens in der Carrer Carolines in Barcelona. 1925 erweitert der Architekt Joan Baptista Serra Martínez die Anlage; Wände und Umfassungsmauer werden verändert.
1883–1885	Haus für Don Máximo Díaz de Quijano, landläufig »El Capricho« genannt, in Comillas, Santander. Die Leitung der Arbeiten unterliegt Cristóbal Cascante, Architekt und Kommilitone Gaudís.
1884–1887	Pavillons der Finca Güell: Pförtnerhaus und Stallungen in der Avinguda Pedralbes de Barcelona, derzeit Sitz des Königlichen Gaudí-Lehrstuhls, Hochschule für Architektur in Barcelona, eröffnet 1953
1883–1926	Sühnetempel der Sagrada Família
1886–1888	Palau Güell, Wohnhaus für Eusebi Güell und seine Familie in der Carrer Nou de La Rambla in Barcelona, seit 1954 Sitz des Theatermuseums von Barcelona
1887	Zeichnung des Pavillons der Transatlantikgesellschaft für die Seefahrtsausstellung in Cádiz
1888–1889	Bischofspalast von Astorga, León. Gaudí erhält den Auftrag aus den Händen des Bischofs von Astorga, Don Joan Baptista Grau i Vallespinós. 1893 gibt er nach dem Tod des Bischofs die Arbeiten auf, die von Guereta zu Ende geführt werden.
1889–1893	Colegio de la Teresianas in der Carrer Ganduxer in Barcelona im Auftrag von Enrique d'Ossó, dem Gründer des Ordens

1892–1893	Casa Fernández Andrés, landläufig »Casa de los Botines« genannt, in León
1895	Bodegas Güell an der Küste des Garraf, Barcelona, in Zusammenarbeit mit Francesc Berenguer
1898–1900	Casa Calvet, in der Carrer Caspe in Barcelona
1900–1909	Casa de Jaume Figueres, landläufig »Bellesguard« genannt. In der Bauleitung arbeitet er mit Joan Rubió i Bellver zusammen.
1900–1914	Park Güell auf dem Hügel Muntanya Pelada in Barcelona im Auftrag von Eusebi Güell. Zusammenarbeit mit Josep Maria Jujol. Geht 1922 in Gemeindebesitz über.
1901–1902	Tor und Umfassungsmauer des Grundstücks von Hermenegild Miralles am Passeig Manuel Girona in Barcelona
1902	Renovierung des Wohnhauses des Markgrafen von Castelldosrius in der Carrer Nova Junta de Comerç in Barcelona. Dekoration des Café Torino im Auftrag von Ricard Company. Das Café, das heute nicht mehr existiert, befand sich am Passeig de Gràcia in Barcelona. An dem Projekt arbeiteten Pere Falqués, Lluís Domènech i Montaner und Josep Puig i Cadafalch mit.
1903–1914	Restaurierung der Kathedrale von Palma de Mallorca im Auftrag des Bischofs Pere Campins unter Mitarbeit von Francesc Berenguer, Joan Rubió i Bellver und Josep Maria Jujol
1904	Projekt eines Hauses für Lluís Graner
1904–1906	Renovierung der Casa Batlló am Passeig de Gràcia in Barcelona im Auftrag von Josep Batlló i Casanovas unter Mitarbeit von Josep Maria Jujol
1906	Tod des Vaters
1906–1910	Casa Milà, landläufig »La Pedrera« genannt, am Passeig de Gràcia in Barcelona im Auftrag von Rosario Segimon de Milà in Zusammenarbeit mit Josep Maria Jujol
1908–1916	Krypta der Colònia Textil Güell in Santa Coloma de Cervelló, Barcelona. Die Bauarbeiten begannen 1908 und wurden von Francesc Berenguer überwacht. Die Einweihung fand am 3. November 1915 statt.
1908	Entwürfe für ein Hotel in New York City
1909–1910	Schulen des Sühnetempels der Sagrada Família
1910	Das Werk Gaudís wird in der Société Nationale des Beaux-Arts in Paris ausgestellt.
1912	Kanzeln für die Gemeindekirche in Blanes, Girona Tod der Nichte Rosa Egea i Gaudí im Alter von 36 Jahren
1914	Tod seines Freundes und Mitarbeiters Francesc Berenguer. Gaudí entscheidet sich, ausschließlich an der Sagrada Família zu arbeiten.
1923	Studien für die Kapelle der Colònia Calvet in Torelló, Barcelona
1924	Kanzel für eine Kirche in Valencia
1926	Gaudí wird am 7. Juni von einer Straßenbahn angefahren und stirbt drei Tage später im Krankenhaus Hospital de la Santa Creu in Barcelona.

Bibliography Literaturhinweise

Bassegoda i Nonell, Joan I.: *Gaudí. Arquitectura del futur*. Barcelona, Editorial Salvat para la Caixa de Pensions, 1984.

Castellar-Gassol, Joan: *Gaudí. La vida de un visionario*. Barcelona, Edicions 1984, 1999.

Collins, George R.: *Antonio Gaudí*. 1962.

Garcia, Raül: *Barcelona y Gaudí. Ejemplos modernistas*. Barcelona, H. Kliczkowski, 2000.

Garcia, Raül: *Gaudí y el Modernismo en Barcelona*. Barcelona, H. Kliczkowski, 2001.

Güell, Xavier: *Antoni Gaudí*. Barcelona, Ed. Gustavo Gili, 1987.

Lahuerta, J. J.: *Gaudí i el seu temps*. Barcelona, Barcanova, 1990.

Llarch, J.: *Gaudí, biografía mágica*. Barcelona, Plaza & Janés, 1982.

Martinell, Cèsar: *Gaudí. Su vida, su teoría, su obra*. Barcelona, Collegi d'Arquitectes de Catalunya, 1967.

Martinell, Cèsar: *"Gaudí i la Sagrada Família comentada per ell mateix"*. Barcelona, Editorial Aymà, 1941.

Morrione, G.: *Gaudí. Immagine e architettura*. Roma, Kappa ed., 1979.

Ràfols, J. F. y Folguera, F.: *Gaudí*. Barcelona, Editorial Sintes, 1928.

Ràfols, José F.: *Gaudí*. Barcelona, Aedos, 1960.

Solà-Morales, Ignasi de: *Gaudí*. Barcelona, Polígrafa cop., 1983.

Torii, Tokutoshi: *El mundo enigmático de Gaudí*. Editorial Castalia, 1983.

Tolosa, Luis: *Barcelona, Gaudí y la Ruta del Modernismo*. Barcelona, H. Kliczkowski, 2000.

Van Zandt, Eleanor: *La vida y obras de Gaudí*. London, Parragon Book Service Limited, 1995.

Zerbst, Rainer: *Antoni Gaudí*. Colonia, Benedikt Taschen, 1985.

web sites of interest interessante web-seiten

www.barcelona-on-line.es
www.come.to/gaudi
www.cyberspain.com
www.gaudiallgaudi.com
www.gaudiclub.com
www.gaudi2002.bcn.es
www.greatbuildings.com
www.horitzó.es/expo2000
www.reusgaudi2002.org
www.rutamodernisme.com

acknowledgements Danksagungen

We would like to express our gratitude to Daniel Giralt Miracle, commissioner of the International Year of Gaudí, for his collaboration with the prologue. To Joan Bassegoda i Nonell, of the Real Cátedra Gaudí, for providing the drawings of most of the projects. To Gabriel Vicenç, for the invaluable information that he provided about the Cathedral in Palma de Mallorca. To the Museu Comarcal Salvador Vilaseca of Reus, for one of the photographs of Antoni Gaudí. To the Arxiu Nacional de Catalunya, for the Branguli photograph of the architect. To AZ Disseny S.L., which produces and distributes exclusive exact reproductions of furnishings by Antoni Gaudí. T: 34932051581 www.cambrabcn.es/gaudi. To the Gaudí Club. And to all the photographers who collaborated on the project.

Wir bedanken uns herzlich bei Daniel Giralt Miracle, Kommissar des Gaudí-Jahres, für seine Mitarbeit am Vorwort. Bei Joan Bassegoda i Nonell vom Königlichen Gaudí-Lehrstuhl dafür, dass er die Zeichnungen für die meisten Projekte zur Verfügung stellte. Bei Gabriel Vicenç für die unschätzbaren Informationen, die er uns zur Kathedrale von Palma de Mallorca überlassen hat. Bei dem Museu Comarcal Salvador Vilaseca von Reus für eine der Fotografien von Antoni Gaudí. Bei dem Arxiu Nacional de Catalunya für die Fotografie Brangulís von dem Architekten. Bei AZ Disseny S.L., die exklusiv die originalgetreuen Reproduktionen der Möbel von Antoni Gaudí herstellt und vertreibt. Tel.: 34932051581, www.cambrabcn.es/gaudi. Beim Gaudí Club sowie bei sämtlichen Fotografen, die an dem Projekt mitgearbeitet haben.

Location of the buildings in Barcelona Lageplan der Gebäude in Barcelona

1. casa vicens
2. finca güell
3. sagrada família
4. palau güell
5. colegio de las teresianas

6. casa calvet
7. park güell
8. finca miralles
9. casa batlló
10. casa milà

Bellesguard is not on the map Bellesguard ist nicht auf der Karte